AU PROFIT DES VICTIMES DE LA GUERRE

SYSTÈME INFAILLIBLE

DE

BORNAGE

OUVRAGE ORNÉ DE FIGURES

INDISPENSABLE A TOUS LES PROPRIÉTAIRES

CONTENANT

LA DÉMONSTRATION DES DÉFAUTS DE L'ANCIEN BORNAGE — DES PRINCIPES DE
GÉOMÉTRIE — L'EXPLICATION SIMPLE ET A LA PORTÉE DE TOUT LE MONDE

d'un Nouveau Procédé

INFINIMENT SUPÉRIEUR A CELUI QUI A ÉTÉ PRATIQUÉ JUSQU'A CE JOUR, ET
PROPRE A EN FAIRE DISPARAITRE LES NOMBREUSES IMPERFECTIONS

PAR

E. GRANGES

GÉOMÈTRE-EXPERT

Chacun doit employer le superflu de ses
ressources au soulagement des membres de
la Grande Famille

PRIX : **75** CENTIMES

EN VENTE

CHEZ L'AUTEUR   ET CHEZ J. MICHEL
PASSAGE D'AGEN   LIBRAIRE — ÉDITEUR A AGEN

M. DCCC. LXXI

SYSTÈME INFAILLIBLE

DE

BORNAGE

V

40677

Tout exemplaire non revêtu de la signature de l'Auteur sera réputé contrefait, et tout Contrefacteur ou débitant de contre-façons sera poursuivi selon la rigueur des lois.

L'Auteur se réserve aussi le droit de traduction.

SYSTÈME INFAILLIBLE

DE

BORNAGE

OUVRAGE ORNÉ DE FIGURES

INDISPENSABLE A TOUS LES PROPRIÉTAIRES

CONTENANT

LA DÉMONSTRATION DES DÉFAUTS DE L'ANCIEN BORNAGE — DES PRINCIPES DE GÉOMÉTRIE — L'EXPLICATION SIMPLE ET A LA PORTÉE DE TOUT LE MONDE

d'un Nouveau Procédé

INFINIMENT SUPÉRIEUR A CELUI QUI A ÉTÉ PRATIQUÉ JUSQU'A CE JOUR, ET PROPRE A EN FAIRE DISPARAITRE LES NOMBREUSES IMPERFECTIONS

PAR

E. GRANGES

GÉOMÈTRE-EXPERT

Chacun doit employer le superflu de ses ressources au soulagement des membres de la Grande Famille

PRIX : **75** CENTIMES

EN VENTE

CHEZ L'AUTEUR   ET CHEZ J. MICHEL

AU PASSAGE - D'AGEN   LIBRAIRE - ÉDITEUR A AGEN

1871

AUX LECTEURS.

Si je me hasarde à faire connaître dans ce petit ouvrage le résultat de ma faible expérience, ce n'est pour en retirer ni honneurs ni bénéfices, mais pour aider à soulager un peu les membres de cette grande famille qu'on appelle la France.

Il n'est pas d'homme assez pauvre en moyens matériels ou en moyens intellectuels, qui ne puisse venir au secours de nos malheureux compatriotes dont les propriétés ont été ravagées par les hordes *extra*-sauvages de l'Allemagne.

Que l'écrivain reprenne sa plume, le poète sa lyre, le musicien ses instruments harmonieux, l'artiste ses pinceaux, l'ouvrier ses outils, l'agriculteur sa charrue, que chacun enfin apporte le superflu du fruit de son travail à leur soulagement.

Mais, dira-t-on, il faut donc verser jusqu'à notre dernier écu et épuiser complètement nos ressources ! N'est-ce pas assez de les avoir ébréchées pour nos blessés, nos prisonniers et nos armements ?

Evidemment non, ce n'est pas assez : ceux dont le

corps a été mutilé et qui ont versé leur sang pour
nous n'ont-ils pas fait davantage ; et ceux qui ont
souffert pendant six mois les fléaux de l'invasion ne
sont-ils pas plus à plaindre. En vertu de quelle loi
ceux-ci doivent-ils supporter les plus lourdes char-
ges de la guerre ? Est-ce en vertu de la fatalité ou du
renversement de ce principe fondamental qui nous
enchaîne dans les grandes comme dans les petites
circonstances et sans lequel nul Etat ne saurait
subsister : la solidarité.

La solidarité est un lien politique unissant inti-
mement tous les individus d'une même puissance
et les rendant réciproquement responsables. C'est
elle encore qui rattache les sujets au pouvoir et leur
fait partager les avantages et les pertes dont il est
l'auteur, bien qu'ils n'y aient en rien contribué.
Ainsi, une entreprise dirigée par un gouvernement
produit-elle de bons résultats, chacun y participe
par la bonne tenue des affaires ; l'inverse arrive si
cette entreprise ne réussit pas ; tous alors contribuent
à en couvrir les frais.

Voilà justement la triste situation d'aujourd'hui.
Si la guerre avait réussi, les avantages de la France
auraient été incalculables et chacun de nous y aurait participé ; malheureusement le contraire ayant
eu lieu, les pertes sont aussi incalculables et nous

sommes obligés, tous sans exception, d'en secourir les trop nombreuses victimes.

Si nous n'étions pas solidaires, à quelle époque les malheureux habitants des départements envahis auraient-ils réparé leurs désastres ? Nous les verrions ramasser péniblement les débris épars de leur fortune, tandis que nous jouirions dans la plus grande tranquillité du bien-être que les rigueurs de la guerre ont seulement effleuré. — Nous serions la partie saine de la France, eux en seraient la partie malade ; ils en arrêteraient les élans et finiraient par la paralyser tout-à-fait, si nous ne leur apportions un prompt et salutaire remède, le remède par excellence : l'argent !

Puisque la solidarité frappe ceux qui ne sont pour rien dans la marche des événements, à plus forte raison devrait-elle s'appesantir sur leurs principaux moteurs, sans exception de rang ni de parti ; sur tous ceux qui nous disent : « Mes prédécesseurs étaient des tyrans, bons uniquement pour boire, manger et empocher les fonds publics ; quant à moi, je vous apporte la liberté, je vais ressusciter l'âge d'or, parer à toutes les dépenses en diminuant les impôts, vous faire vivre dans l'abondance et relever l'honneur national, en arrêtant l'ennemi par de beaux discours ; » sur tous ceux qui, connaissant notre côté faible, nous promettent tant pour nous faire tomber dans leur piége et satisfaire leur ambition. . . .

Et nous ! de toutes ces promesses de gloire, de liberté et de prospérité,

Il ne nous reste plus que la triste mémoire.

Pourquoi donc ne pas appliquer à ces messieurs la formule ordinaire :

Celui qui cause du dommage à autrui est tenu de le réparer.

Cette formule employée dans les cas particuliers devrait l'être surtout dans les cas généraux, bien plus préjudiciables ; car, dans les premiers, les auteurs du dommage ne font de tort qu'à une ou plusieurs personnes ; dans les seconds, au contraire, ils en font à toute une nation. En effet tout bouleversement porte avec lui le chômage des affaires et dans certaines circonstances , heureusement plus rares, la ruine du pays. Il me semble que si dans ce dernier cas on était plus sévère, on guérirait pour toujours ceux qui seraient atteints de la maladie ou de la manie de vouloir diriger, bon gré mal gré, les affaires d'un grand peuple.

Enfin, c'est assez de conseils et de récriminations ; ce n'est pas par ce moyen que nous atteindrons le but essentiel. Il faut abandonner les discussions stériles, aboutissant uniquement à aggraver un mal auquel il faut bien plus de calmants que d'excitants.

Mettons-nous donc tous à l'œuvre et apportons notre part du baume salutaire. Nous remplirons ainsi le premier devoir du moment actuel: Soulager la patrie malade, la rendre robuste et forte pour qu'elle puisse bientôt reprendre le cours de ses glorieuses destinées.

Voilà le seul mobile qui m'a poussé à prendre la plume : mes trop rares lecteurs la trouveront sans peine bien peu exercée ; mais j'ose espérer que leur critique s'arrêtera devant la pureté de mes intentions. Je le répète donc, je ne suis pas guidé par un maigre intérêt, mais par l'unique désir de me rendre utile, à ma façon, à mes compatriotes.

Que chacun en fasse autant !

SYSTÈME INFAILLIBLE DE BORNAGE.

❦

PREMIÈRE PARTIE.

MODE ACTUEL DE BORNAGE.— SES DÉFAUTS.

MODE ACTUEL DE BORNAGE.

Il est fort étonnant que dans un temps où tout marche vers la perfection, dans un temps où l'agriculteur agrandit sa maison et l'embellit, où enfin il jouit de l'aisance que lui procurent ses soins, son travail et son amour de la terre, le bornage n'ait fait aucun progrès et soit resté très-imparfait dans la plupart des cas pour lui marquer la limite exacte de son champ et lui en assurer la tranquille possession.

Que dirait-on, par exemple, d'un sourd-muet paralysé de tous ses membres, placé à l'intersection de deux ou plusieurs routes pour indiquer le chemin aux voyageurs. Evidemment on dirait : « Voilà la précaution inutile », car cet indicateur serait tout-à-fait insuffisant et les voyageurs auraient beau l'interroger et tourner autour de lui, ils ne pourraient en retirer les renseignements nécessaires pour se mettre dans la bonne direction.

Voilà en peu de mots l'image du bornage actuel. On confie à un moellon ou à un sourd-muet entièrement perclus, la mission de transmettre à la postérité la délimitation de plusieurs propriétés adjacentes.

Sans aucun doute beaucoup de gens ont assisté à la plantation de quelque borne et ont vu par suite la manière d'y procéder.

Voici comment on opère habituellement dans nos contrées :

On creuse un trou à l'endroit où elle doit être placée ; on prend ensuite un morceau de tuile à canal qu'on casse en trois parties et qu'on dépose au fond de ce trou pour servir, comme on dit toujours , de *témoins* et faire distinguer les véritables bornes des pierres ordinaires. Après avoir recouvert les témoins d'un peu de terre afin d'amortir le poids de la borne qui est ordinairement une pierre informe mise au rebut et impropre à la taille, on place celle-ci au dessus et on comble le trou avec de la terre que l'on tasse fortement pour la maintenir d'aplomb le plus longtemps possible.

Sous ce rapport-là, nous sommes inférieurs aux Anciens qui le plus souvent taillaient leurs bornes.

Ils leur donnaient la forme d'une statue sans jambes et quelque fois sans bras, voulant indiquer ainsi qu'elles devaient toujours rester à la même place et ne jamais être dérangées.

Ils avaient même mis la Borne, et certes ce n'est pas ce qui nous les rend supérieurs, au rang de leurs Divinités sous le nom de Dieu-Terme.

Cette Divinité a été chassée du rang suprême avec toutes les autres ; mais comme ses attributs étaient et sont indispensables , on l'a maintenue dans ses fonctions tout en prononçant sa déchéance. C'est là une peine que tous les déchus n'ont pas ; au moins si on les dépouille des insignes de leur dignité, il ne leur en reste plus les soucis.

Certains experts, au lieu de casser le morceau de tuile en trois parties, ne le cassent qu'en deux lorsque la borne est *divisoire*, cas examiné plus loin ; il y a alors deux témoins seulement déposés au fond du trou et sous la borne, comme il vient d'être dit.

D'autres, au lieu de les disposer ainsi, les mettent bien au fond du trou, mais seulement à côté d'elle, de façon à faire passer la ligne délimitée entre les deux. Cette disposition présente certains inconvénients, car en fesant des déblais ou en béchant autour, on peut faire perdre les témoins, tandis que dans la première disposition il faut pour y parvenir enlever la borne elle-même.

D'autres enfin mettent, avec raison, autant de témoins qu'il y a de parties intéressées au bornage.

Quand on met les témoins sous la borne, on les place à plat et côte à côte de façon que les *cassures* se correspondent et que leur ensemble représente le morceau de tuile qui leur a donné naissance ; exemples : PGHI (*Fig. 20)*, et FGHI *(Fig. 21 et 24)* ; quand on les place à côté, il faut les disposer verticalement autour et contre elle.

On appelle cassures, les lignes dans le sens desquelles le morceau de tuile est brisé.

On doit voir, d'après les explications précédentes, qu'on ne peut tirer des témoins d'autre renseignement infaillible que celui d'indiquer que la pierre ou quelque fois le gros caillou dont ils sont recouverts est une borne, et de plus pour que celle-ci soit considérée comme telle, il faut que leurs joints ou cassures, rapprochés, correspondent bien entre eux et démontrent par là leur provenance du même fragment de tuile.

Toute pierre n'ayant pas ses témoins n'est pas une

borne. Elle peut cependant fournir des renseignements aux aboutissants pour sa plantation postérieure, et encore ces renseignements doivent-ils être comparés avec d'autres selon l'espèce.

Il suffit d'avoir été plusieurs fois expert dans de pareilles affaires pour être convaincu des vices du bornage actuel et des procès qu'il peut engendrer et qu'il engendre tous les jours.

On distingue deux sortes de bornes : les bornes *principales* et les bornes *divisoires*.

Les *bornes principales* limitent dans les directions de toutes les lignes qui y aboutissent, et le point d'intersection de ces lignes se trouve toujours sur le milieu de leur sommet : telles sont les bornes A, B, C, D, E (*Fig. 1*).

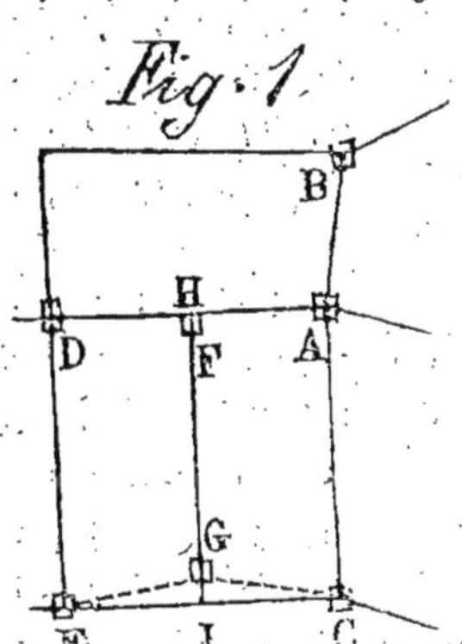

Les *bornes divisoires* diffèrent des premières en ce que le point d'intersection précité est placé à côté d'elles, ou à une certaine distance, et que par suite elles sont entièrement en-dedans des propriétés auxquelles elles sont utiles. Telles sont les bornes F et G.

(Il y a des bornes qui n'ont pas de point d'intersection ou qui ne sont traversées par aucune ligne, telles que, par exemple, des bornes placées par un propriétaire sur la berge d'un ruisseau mitoyen pour en marquer les sinuosités : celles-là peuvent être appelées *mixtes*. Comme dans la pratique, on ne fait pas de distinction , il n'en sera pas donné d'explication particulière ; aussi n'aura-t-on qu'à se reporter aux deux espèces générales précédentes.)

Le point d'intersection pour la borne F est en H ou contre son côté extérieur, lequel se trouve sur la ligne AD ; pour la borne G , il se trouve en I, à quelque distance de celle-ci , certaines raisons ayant empêché de la mettre au ras de la ligne EC.

Lorsque le point d'intersection H est contre une borne divisoire, F par exemple, celle-ci limite dans toutes les directions : FG et AD ; s'il est au contraire à quelque distance, en I, la borne G ne peut limiter que dans la direction GF.

On emploie ces bornes-là dans le cas de partage ou de subdivision de propriétés. Ainsi supposons qu'on veuille diviser la terre ADEC entre deux héritiers : on ne doit pas placer les bornes nécessaires à ce partage chez les voisins ; ce serait empêcher ceux-ci de travailler leur champ en ligne droite et les exproprier d'autant de terrain qu'elles en occuperaient chez eux ; et comme on ne peut exproprier quelqu'un que pour utilité publique et non pour son propre agrément, ni même le gêner dans la jouissance de sa propriété, on est obligé de mettre les bornes en dedans de ADEC et le plus possible au ras des lignes AD et EC.

Quelquefois il est impossible de les placer de cette manière sans se causer un préjudice. Si, par exemple, il se trouve à la place voulue un gros arbre, un bloc de rocher, etc., on ne peut pas y planter la borne divisoire. Dans ce cas on fait, comme on dit, au plus vite ; on la place en avant de l'obstacle, en l'éloignant ainsi de la limite du voisin : c'est là, par rapport à la ligne EC, la position de la borne G qui n'indique par suite que la direction GF.

On plaçait autrefois, dit-on, les divisoires à une certaine distance de la propriété adjacente, même quand il n'y avait pas empêchement, mais aujourd'hui cet usage a à peu près disparu, parce que beaucoup de propriétaires voisins, s'écartant peu à peu de leur limite, travaillaient jusqu'auprès de ces bornes et s'emparaient d'autant de terrain. Ainsi, dans la fig. 1, le propriétaire en dehors de la terre ADEC et longeant la droite EC pourrait bien, en s'approchant insensiblement de la borne G, avoir l'envie de dire : « Cette borne me limite aussi et par suite le petit triangle EGC m'appartient. » Voilà une source de procès ; il n'en manque pas d'autres provenant des mêmes causes.

Cette coutume n'existe plus que dans le cas de séparation par un fossé mitoyen ou par un talus assez élevé et à pic.

DÉFAUTS DU MODE ACTUEL.

Pour bien apprécier les vices ou défauts du bornage actuel, bien plus préjudiciables encore que dans le cas indiqué dans la figure 1, il suffit d'examiner la figure 2 : on y trouve à peu près toutes ses variations les plus saillantes. Cette figure est divisée en 4 lots.

Le premier ABCDEF n'est séparé du second par aucun obstacle et leur ligne divisoire ayant seulement une borne E à l'une de ses extrémités, suit une direction déterminée par la tradition ou la jouissance. Il est en même temps séparé du quatrième par

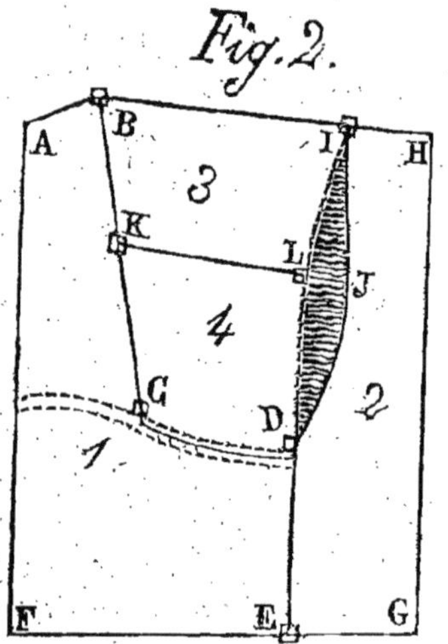

un fossé mitoyen repré·
senté par deux lignes
pointillées, lequel se
continuant au delà, le
traverse dans son en-
tier. Sur la berge oppo-
sée de ce fossé et sur le
N° 4, se trouvent deux
bornes C et D; la pre-
mière C est divisoire et
limite dans la direction
CKB, et la seconde D in-
dique seulement le som-
met de la berge du fos-
sé, ne pouvant borner
avec le N° 2 parce qu'un talus presque à pic les sé-
pare et qu'on l'a mise sur le sommet de ce talus au
lieu de la mettre dans le bas.

Le deuxième champ EGHIJD est séparé des troisième
et quatrième par une courbe que rien ne détermine.
Cette courbe sert de base au talus précité dont la
pente est très-raide aux points D et I et vient en s'a-
doucissant jusques au point J; il est représenté sur
la figure par des gâchures, et sa crête par une ligne
pointillée passant au ras de la borne L. Il n'y a que
les bornes E et I qui limitent de ce côté-là, et elles
sont très-insuffisantes à cause de la courbe.

Le troisième BKJI est séparé du second par la
courbe, du premier par la ligne BK déterminée par
les bornes qui sont à ses extrémités, et du quatrième par la ligne KJ déterminée par la borne principale K et par la divisoire L placée sur la crête du
talus.

Enfin le quatrième CDJK est séparé du premier par la droite KC déterminée par la borne principale K et la divisoire C et par le fossé mitoyen ; du second toujours par la courbe, et du troisième par la ligne KJ.

On comprend déjà que le bornage effectué sur cette figure est impuissant à faire connaître les limites exactes de chaque partie.

Tant que l'harmonie règne entre les propriétaires, que la tradition se conserve pure parmi eux et que les témoins de la plantation des bornes sont en vie, la position de celles-ci ne leur cause aucun trouble et ils jouissent suivant leurs droits respectifs. Mais comme tout ce qui est basé sur quelque chose de périssable, la tradition s'altère, les témoins s'en vont dans la tombe, leurs descendants ignorent le passé et sont incertains du présent ; chacun se trouve dans une fausse position par rapport à son voisin, et pour comble de malheur, nul ne sait où aller puiser la vérité ; de là proviennent ces contestations, ces brouilleries capables de troubler pour longtemps la paix du village.

On objectera sans doute que l'agriculteur est trop amateur de sa terre pour oublier ou laisser perdre ses droits. Sans doute ! Mais, par exemple, s'il meurt en laissant des enfants en bas âge et une femme connaissant peu ou point du tout la nature des bornes et les conventions antérieures transmises de père en fils ; si encore cette femme décède sans leur transmettre cette tradition qui seule peut leur conserver la possession et la jouissance primitives de leur propriété, eh bien ! ces petits enfants devenus hommes pourront se trouver frustrés par les manœuvres de leurs voisins et ne se faire réintégrer dans leurs droits que par des procès.

Supposons que les quatre propriétaires de la figure 2 se trouvent les uns après les autres dans une pareille situation, et que chacun d'eux veuille faire cesser l'incertitude et le trouble survenus dans sa possession.

Le premier, c'est-à-dire celui du N° 1, demandera, par exemple, à celui du N° 4 l'entière possession du fossé mitoyen les séparant, basant sa réclamation sur la position des bornes C et D par delà ce fossé. Comment fera le quatrième pour détruire le raisonnement du premier si, ayant perdu ses parents depuis son enfance, il ne connaît pas au juste la nature de ce fossé et s'il ne sait où aller chercher les renseignements nécessaires. Il répondra : « Il me semble que ce fossé est mitoyen, et même j'en suis sûr, car les bornes C et D ne marquent pas ma limite de ce côté-là, elles ne font qu'indiquer le sommet de la berge du fossé. » « Ce n'est pas possible, répliquera le premier, c'est à moi qu'il doit appartenir puisqu'il se prolonge dans ma propriété et la traverse dans son entier, et de plus je l'ai toujours joui. » (Parce qu'il en aura extrait la terre une seule fois, personne ne l'en ayant empêché et n'y ayant pris garde, il ne manquera pas de dire qu'il l'a toujours joui).

Le propriétaire du N° 2, employant un raisonnement analogue, voudra s'approprier le talus des N°ˢ 3 et 4, s'appuyant sur la jouissance incertaine ou frauduleuse de ce talus et sur les bornes D et L : « Voilà mes bornes, dira-t-il, je n'ai jamais connu que cette limite et je n'en connaîtrai jamais d'autre, dussé je perdre la valeur de ma terre. » Ainsi donc, au lieu de faire passer sa ligne de démarcation au bas du talus et par le point J de la courbe, il voudra la faire passer par les bornes E, D, L, I, en empiétant aussi sur le N° 1.

Les propriétaires des parcelles 3 et 4 diront à leur tour : La borne L étant une divisoire limitant seulement dans la direction LK, la borne K est aussi divisoire, et par suite notre limite passe par derrière elle. Celui du N° 1 affirmera que K n'est pas divisoire et ne le sera jamais.

Il va sans dire qu'aucun d'eux ne voudra céder un pouce de son territoire ni retirer une syllabe de ses prétentions !

Voilà, circonscrites à quatre individus, les contestations qui surgissent en général entre presque tous les voisins.

Que fait-on en pareilles circonstances ?

On se présente devant le juge de paix du canton où se trouvent les terres occasionnant la discorde. Ce magistrat, pour concilier les parties et leur éviter des procès dispendieux, leur nomme à leur gré un ou plusieurs experts ou arbitres, et c'est devant ceux-ci que se tranche habituellement le dénoûment de l'affaire. Ces derniers, pour mieux s'éclairer, se transportent sur les lieux avec les antagonistes, et là ils écoutent avec la plus imperturbable patience tout ce que ceux-ci veulent bien leur débiter. Ah ! si le Ciel se gagne par cette vertu, il est incontestable que tous les experts et arbitres passés, présents ou à venir, y sont entrés et y entreront par le chemin le plus court enseigné en géométrie.

Quelles bourrasques de discussions, de faux raisonnements et même de grossièretés, que les plaideurs se renvoient avec une promptitude et une confusion

à leur faire perdre la tête, n'ont-ils pas à essuyer
Chacun crie, gesticule, gambade, cite des preuves à
l'appui de ses assertions, et bien souvent le plus
criard n'est pas celui qui a raison. Au contraire, ce-
lui-là se donne le plus de mal pour insinuer la certi-
tude de son droit et faire pencher la balance en sa
faveur.

J'ai vu un individu qui, dans la chaleur de la dis-
cussion et croyant parler à son adversaire, portait les
poings à la figure de son arbitre et d'une telle façon
que celui-ci fut obligé de le rappeler à l'ordre après
s'être prudemment reculé, car il avait l'air d'un véritable démoniaque.

Voilà la manière dont on fait valoir ses droits et
dont on s'explique devant les délégués de la justice :
au lieu de discuter posément, on se livre à tous les
écarts de l'irritation.

Pendant ce temps les arbitres tournent autour des
bornes, les interrogent, et le plus souvent ne peuvent
retirer aucun bon renseignement de ces masses in-
formes qui à elles seules devraient suffire à vider
l'affaire ; ils s'alignent, s'orientent et tâchent, au milieu de tous ces éléments divers, de saisir la vérité.
Doués de la pénétration que leur donne l'expérience, ils
manquent rarement de toucher juste malgré toutes
ces controverses ; car, au milieu des propos passion-
nés échangés autour d'eux, l'un ou l'autre des discu-
tants laisse toujours échapper quelque parole qui les
met sur la bonne voie. Alors, suffisamment édifiés, ils
arrêtent les débats et se prononcent.

Mais de même que si, aux sourds-muets dont il a
été parlé au commencement de cette première partie
et cités comme remplissant très-imparfaitement le but
proposé, indiquer le bon chemin, on joignait une pan-

carte où seraient tracés des signes conventionnels qu'il suffirait de regarder pour se mettre en bonne voie, le but serait atteint et la méprise ne serait plus possible ; de même si, aux moellons employés pour borner et qui leur ont été assimilés, on joignait des signes conventionnels connus de tout le monde et on adaptait des formes régulières, toutes les mésaventures précitées ne pourraient avoir lieu. Le propriétaire, à la simple inspection de ces signes, connaîtrait tout de suite la nature de ses bornes et saurait de la sorte quelles sont ses limites.

Je crois avoir fait ressortir dans cette première partie un grand nombre des défectuosités du bornage actuel ; dans la seconde, je vais décrire la manière d'y remédier en employant des bornes spéciales, taillées et munies de signes conventionnels de la dernière simplicité.

DEUXIÈME PARTIE.

QUELQUES PRINCIPES DE GÉOMÉTRIE.
EXPOSÉ DU NOUVEAU SYSTÈME.

QUELQUES PRINCIPES DE GÉOMÉTRIE.

Les rainures marquant la direction des lignes qui viennent s'intersecter sur les bornes ou à côté et ciselées à leur sommet sont, avec la forme de ces bornes et d'autres signes conventionnels, les principes fondamentaux du nouveau système.

Avant d'aller plus avant, il est indispensable de donner quelques explications de géométrie pour bien faire comprendre, à ceux qui les ignorent, tous les termes employés et les formes diverses données aux bornes.

On appelle *parallèles* des lignes qui sont constamment à la même distance les unes des autres. Exemple : AB,GH,CD,EF (*Fig. 5*).

La *verticale* est une ligne droite qui a la même direction que celle du fil à plomb. Exemple : AO (*Fig. 3* ou *4*).

L'*horizontale* est une ligne droite qui, si elle se croisait avec une verticale, lui serait perpendiculaire. Exemples : BC,DE (*Fig. 3* et *4*).

Une *perpendiculaire* est une ligne qui en rencontrant une autre, forme avec elle un ou deux angles droits. Exemple : AO (*Fig. 3*) rencontrant la ligne BC et formant avec elle les angles droits AOB et AOC.

Un *angle* est l'espace compris entre deux lignes qui se croisent. Les lignes prennent alors le nom de *côtés* et le point d'intersection celui de *sommet*. Exemple : l'angle EFA (*Fig. 2*) formé par le croisement au point F des lignes AF et EF. Pour énoncer un angle, on emploie trois lettres en ayant soin de mettre celle du sommet au milieu. On dit aussi avec la seule lettre du sommet : l'angle F.

Il y a trois sortes d'angles :

L'angle *droit* formé par l'intersection de deux perpendiculaires et ayant pour mesure le quart de la circonférence. Exemples : AOC et AOB (*Fig. 3*).

L'angle *aigu*, plus petit que l'angle droit. Exemple : ABC (*Fig. 3* ou *4*).

L'angle *obtus*, plus grand qu'un angle droit. Exemple : BKL (*Fig. 2*).

Un *cercle* est la surface d'une figure limitée par une *circonférence* ou par une ligne *courbe* dont tous les points sont également distants d'un point intérieur appelé *centre*. Exemple : le plan de la base de la figure 7.

La circonférence se divise en 360 parties ou *degrés*.

Le cercle peut être considéré comme un polygone d'une infinité de côtés.

Un *polygone* est une figure plane ayant plusieurs côtés déterminés par l'intersection de plusieurs lignes. Exemple : ABHGF (*Fig. 2*).

Un *plan* est la surface comprise entre l'intersection de plusieurs lignes ; surface telle qu'on peut lui appliquer dans tous les sens la partie de la règle qui

sert à tirer les lignes droites et contre laquelle glisse
la pointe à tracer. Exemples : ABC (*Fig. 3*), ABCD
(*Fig. 5*).

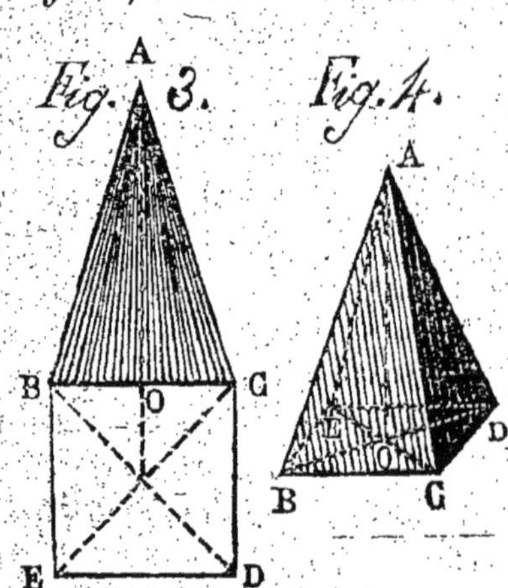

On appelle *pyra-
mide* (*Fig. 3* ou *4*)
un corps ou *solide*
formé par la réunion
de plusieurs trian-
gles ou plans trian-
gulaires ACB,ACD,
AED,AEB, partant
d'un même point A
(*sommet*), et se ter-
minant aux côtés
d'un polygone BCDE
qui est la *base* de la
pyramide. (Le carré
tracé au bas de la fig. 3 est le plan de la base. Il en
est de même dans toutes les figures où les carrés,
circonférences ou autres, au dessous comme au-
dessus, sont toujours les plans des bases.)

Si le polygone formant la base d'une pyramide n'a
que trois côtés, celle-ci est dite *triangulaire*; s'il en
a quatre, elle est dite *quadrangulaire* (*Fig. 3* ou *4*);
s'il en a cinq, *pentagonale* ; s'il en a six, *hexago-
nale*, etc.

La pyramide est *régulière*, quand le polygone
lui servant de base est régulier, c'est-à-dire quand
il a tous ses côtés et tous ses angles égaux entr'eux, et elle est *droite* lorsque sa hauteur tombe
sur le centre de la base ou point d'intersection des
diagonales de cette base. Exemple : AO, (*Fig. 3* ou *4*).
La *hauteur* d'une pyramide régulière et droite est

la perpendiculaire abaissée de son sommet sur le milieu de sa base.

On appelle *pyramide tronquée* ou *tronc de pyramide*, la partie inférieure qui reste d'une pyramide quand on en a retranché la partie supérieure par un plan ou par une section (*Fig.* 5 ou 6). Si cette section ou plan ABGH est parallèle à la base, la pyramide est dite tronquée *parallèlement* à la base ; si elle est oblique, elle est dite tronquée *obliquement* à la base. Ainsi ABGHCDEF (*Fig.* 5 ou 6) est un tronc de pyramide ; CDEF en est la *base inférieure* et ABGH la section ou plan appelé aussi *base supérieure*.

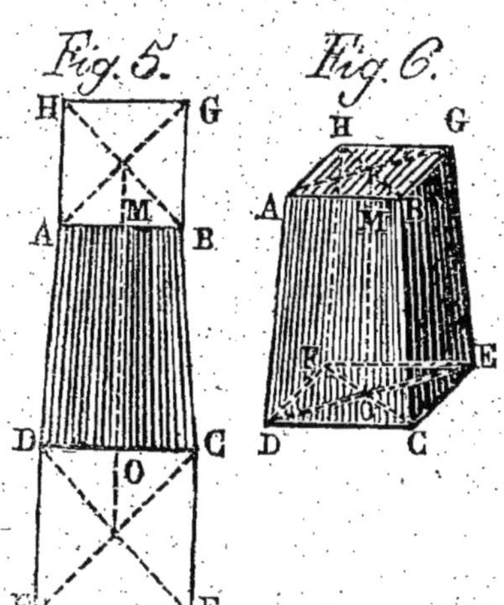

Un tronc de pyramide, au lieu d'être formé par la réunion de plusieurs plans triangulaires comme la pyramide, l'est par celle de plusieurs trapèzes ABCD, etc. (*Fig.* 5 ou 6), si les deux bases sont parallèles, ou par la réunion de plusieurs plans quadrangulaires irréguliers, si les deux bases ne sont pas parallèles. Ces divers plans se terminent en haut et en bas du tronc aux côtés du polygone servant de base. Ainsi le plan ABCD se termine au côté AB de la base supérieure ABGH et au côté CD de la base inférieure CDEF.

La *hauteur* d'une pyramide tronquée parallèlement à la base est la perpendiculaire abaissée d'un point quelconque de la base supérieure sur la base inférieure. Telle est la hauteur MO. Elle est encore la *distance* des deux bases.

On appelle *cône droit* une pyramide produite par

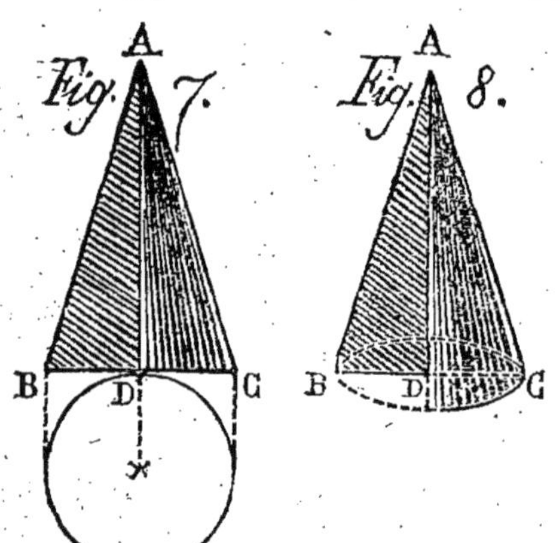

la révolution d'un triangle rectangle sur un des côtés de l'angle droit. Le cône ABC *(Fig. 7 ou 8)* est formé par le tour que fait sur lui-même le triangle ABD sur son côté AD qui est par suite l'*axe* de ce cône.

La *base* d'un cône est le plan circulaire ou cercle sur lequel il repose et dont le côté DB du triangle précité est le rayon ; le point D situé au sommet de l'angle droit est aussi le centre de ce cercle.

Le *côté* d'un cône ou la génératrice AB est l'hypoténuse du triangle qui, dans le mouvement de rotation de ce dernier, en décrit la surface latérale.

La *hauteur* d'un cône droit est l'axe AD ou la perpendiculaire abaissée du sommet A sur le plan de la base.

Un *cône tronqué* ou *tronc de cône* est ce qui reste d'un cône quand on en a enlevé la partie su-

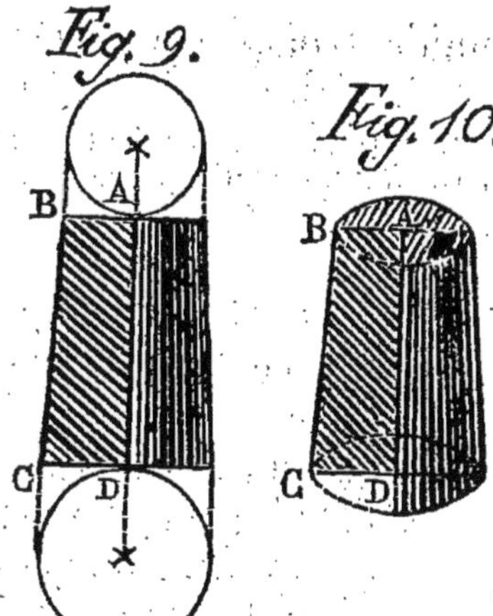

périeure par un plan ou section. Lorsque *(Fig. 9* ou *10)* la section est parallèle à la base, le cône est dit *tronqué parallèlement à la base*; si la section est oblique, il est dit *tronqué obliquement à la base*. Un cône droit tronqué parallèlement à la base peut être considéré comme produit par la révolution d'un trapèze rectangle ABCD autour du côté AD perpendiculaire aux deux bases ou autour de la hauteur de ce trapèze, et cette hauteur est aussi l'*axe* du tronc de cône.

La *hauteur* d'un cône ainsi tronqué est la perpendiculaire abaissée d'un point quelconque de la base supérieure sur la base inférieure ou également la *distance* de ces deux bases.

On appelle *parallélogramme (Fig. 19)* un quadrilatère ABCD, ou polygone à 4 côtés, dont les côtés opposés sont égaux et parallèles et les angles ne sont pas droits. Les côtés AB et CD sont égaux et parallèles entr'eux, de même que les côtés AD et BC.

Maintenant que les moins initiés ont fait connaissance avec les principes et les termes de géométrie nécessaires à l'intelligence des figures et du texte, je vais passer à l'exposé du nouveau système.

EXPOSÉ DU NOUVEAU SYSTÈME.

De même que dans l'ancien système de bornage, les bornes sont divisées en deux classes : les *principales* et les *divisoires*, et chacune de ces classes a ses formes particulières et spéciales. Quant aux bornes *mixtes*, il n'en est pas question, parce qu'on peut employer les formes des précédentes qui, avec l'aide des signes conventionnels, sont toujours suffisantes.

Formes des bornes principales. — On donne à celles-ci la forme de pyramides ou de cônes droits tronqués parallèlement à la base, et on les taille comme il suit :

Pour celles qui sont en forme de pyramides tronquées, elles doivent être quadrangulaires, c'est-à-dire à bases en carré parfait afin d'apporter dans leur taille toute la simplicité désirable *(Fig. 11 ou 12)*.

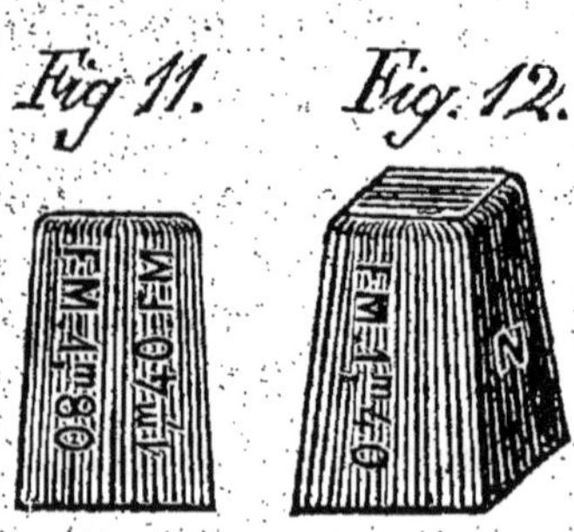

Fig. 11.   Fig. 12.

On donne au côté du carré de la base inférieure vingt-cinq centimètres ; à celui de la base supérieure, vingt centimètres et à la hauteur trente-cinq centim.

On peut aussi leur donner pour bases des polygones réguliers de cinq, six côtés, etc.. etc., des parallélogrammes, ou enfin des polygones irréguliers tracés de manière à faire passer les lignes du terrain, soit par les angles, soit par le milieu des côtés de ces polygones.

Dans ces derniers cas, on est obligé d'aller prendre les mesures sur les lieux.

La taille de ces bornes se fait à arêtes vives ; on arrondit cependant un peu celles de la tête (*Fig. 11* ou *12)* pour atténuer les cassures occasionnées par de forts chocs, tels que ceux des charrettes ou autres.

Fig. 13.   *Fig. 14.*

Ces formes présentent certains avantages lorsque les bornes portent des signes conventionnels; mais la forme la plus élégante est celle en tronc de cône (*Fig. 13* ou *14,)* ; on donne aux bornes ainsi taillées vingt-cinq centimètres de diamètre à la base inférieure, vingt centimètres à la base supérieure et trente-cinq centimètres de hauteur. On arrondit aussi un peu l'arête de la base supérieure pour les mêmes raisons.

Il est également convenable de réunir sur la même borne les formes précitées, en lui donnant à la partie inférieure celle d'un tronc de pyramide quadrangulaire, etc., à la partie supérieure celle d'un tronc de cône, et en raccordant autant que possible les deux formes. Il me semble que la partie inférieure d'une borne taillée en polygone, lui donne plus de stabilité dans un terrain accidenté que quand elle est taillée en tronc de cône.

Les dimensions ci-dessus peuvent être modifiées au gré de chacun; on augmente ou on diminue les dimensions des bornes de toute espèce, cela n'y fait absolument rien; la forme seule est indispensable.

Formes des bornes divisoires.— Ces bornes ne doivent pas être taillées de la même manière que les

principales afin de les distinguer, de prime abord,
les unes des autres. Pour cela on adopte une forme
particulière et on procède de la manière suivante à
leur confection :

On commence par tailler le bloc de pierre en pyramide quadrangulaire tronquée, comme si on voulait
en faire une borne
principale, avec cette
différence qu'un côté
ABCH *(Fig. 15 ou 16)*
doit être perpendicu-
laire aux deux bases,
inférieure et supé-
rieure, ce qui n'a pas
lieu dans les pyrami-
des droites régulières ;
car dans celles-ci tous
les côtés sont égale-
ment obliques à ces
bases. Ce côté perpen-
diculaire se place sur

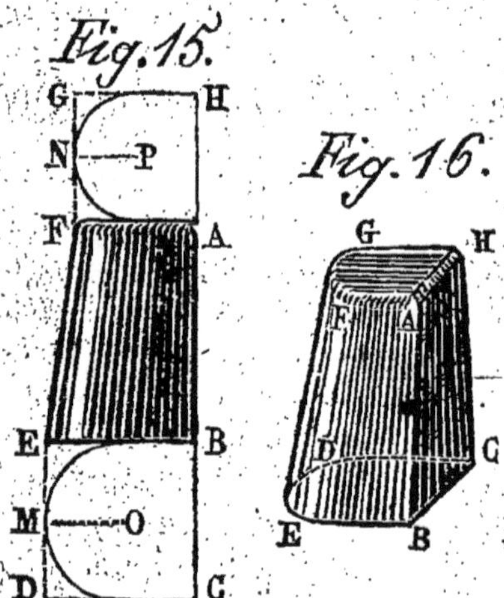

la ligne séparant la propriété à partager de la propriété adjacente, et c'est sur lui que se trouve le
point d'intersection des lignes qui viennent se croiser
à côté de la borne quand celle-ci peut se placer à ce
point.

La base inférieure BCDE *(Fig. 15 ou 16)* taillée
en carré parfait de vingt-cinq centimètres de côté, on
donne à la supérieure la même forme avec vingt
centimètres de côté seulement.

Cela fait, sur la base inférieure, du point O comme
centre avec un rayon OM égal à la moitié d'un de
ses côtés ou à $0^m12^c5^m$, on trace une demi-circonfé-

rence ; sur la base supérieure et du point P avec un rayon PN égal aussi à la moitié d'un de ses côtés ou à 0ᵐ 10°, on trace une autre demi-circonférence.

Enfin on relie par une surface circulaire les points de ces deux demi-circonférences en enlevant toute la pierre en excès, et on arrondit les arêtes de la base supérieure, excepté l'arête AH *(Fig. 15)* formée par l'intersection du plan de la base supérieure avec celui du côté perpendiculaire ABCH ; cette arête doit être taillée en chanfrein *(Fig. 16)*.

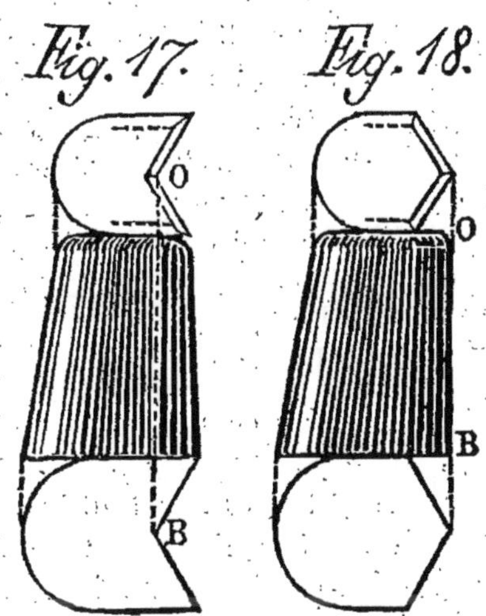

Il arrive souvent que la ligne divisoire où doit être placée la borne n'est pas droite et qu'elle forme à l'emplacement de cette borne un angle *rentrant* ou *sortant* par rapport à la propriété à partager. Dans ce cas, pour plus de régularité, on la taille dans la forme de la figure 17, si l'angle est rentrant, ou dans la forme de la figure 18, s'il est sortant. On a ainsi sur la borne le même angle que sur le terrain, quand on en a bien pris les dimensions.

Au lieu de n'avoir, comme dans les figures 15 et 16, qu'un seul côté perpendiculaire, on en a deux dans les figures 17 et 18, venant se croiser aux points O et

B et déterminant par suite la ligne OB qui, à son tour, sert de point de départ à la ligne coupant la propriété partagée, et est perpendiculaire aux bases.

Quand la borne divisoire doit être placée à l'intersection F *(Fig. 19)* de deux lignes GH et EF formant entre elles deux angles, l'un aigu EFG et l'autre obtus EFH, au lieu de donner à ses bases la forme d'un carré parfait arrondi d'un côté, on lui donne celle d'un parallélogramme ABCD, aussi arrondi du côté opposé au côté perpendiculaire.

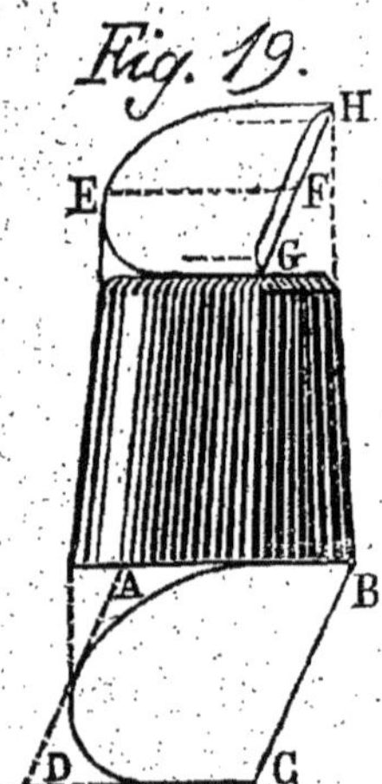

Il arrive également qu'on est obligé de mettre la borne figure 19, sur un angle rentrant ou sortant; on suit les mêmes principes que pour les figures 17 et 18 : le côté perpendiculaire se brise en deux, de manière à former à peu près le même angle que celui du terrain et à avoir son sommet sur la ligne EF. Ces deux nouveaux côtés perpendiculaires n'ont pas alors la même surface, la ligne GH brisée au point F en formant deux GF et FH plus courtes l'une que l'autre. Pour que ces dernières eussent la même longueur, il faudrait revenir aux formes 17 et 18, ou bien déplacer la ligne EF qui ne passerait plus sur le milieu de la borne et n'aurait plus son point de départ F sur le milieu de la ligne primitive GH.

Il arrive aussi que les bornes divisoires doivent être placées par leur côté ou leurs côtés perpendiculaires sur des courbes ou des angles formés par des courbes à faibles rayons. On donne aux côtés perpendiculaires à peu près la même courbe que celle de la portion des lignes sur lesquelles ces côtés sont placés.

Dans tous les cas, s'il faut mettre le côté perpendiculaire sur une courbe, les côtés perpendiculaires sur un angle rentrant ou sortant, rectiligne ou courligne, on n'a qu'à suivre pour la taille de ces côtés, les principes indiqués pour la taille des côtés des témoins qui doivent être placés sur des angles ou des courbes semblables.

Lorsqu'on veut donner pour bases aux bornes divisoires des polygones à côtés parallèles aux lignes droites ou courbes se croisant sur leur côté ou leurs côtés perpendiculaires, on est obligé de prendre exactement les mesures sur le terrain en suivant le procédé indiqué plus loin pour les rainures, et on a soin de laisser un côté toujours arrondi. De la sorte, dans la figure 19 par exemple, que le côté perpendiculaire GH soit en ligne droite ou courbe ; que, brisé en F, il forme des angles à lignes droites ou courbes, il correspondra toujours exactement à la ligne de démarcation des propriétés adjacentes ; la ligne EF formera avec lui les mêmes angles que la ligne correspondante du terrain, et les côtés partant des points G et H lui seront parallèles.

On voit par la simple inspection des fig. 15, 16, 17, 18 et 19, l'impossibilité de confondre les bornes divisoires avec les principales ; car celles-ci ont toujours la forme de cônes ou de pyramides tronqués et ont par suite tous leurs côtés obliques, tandis que les autres ont un côté ou deux perpendiculaires aux bases et opposés à un autre en ligne courbe et bien plus oblique que dans les bornes principales, parce que dans celles-ci le biais est partagé entre tous les côtés, et dans les divisoires il se trouve tout porté sur le côté curviligne par suite de la perpendicularité du côté opposé : ABGH *(Fig. 15 ou 16)*.

Signes Conventionnels.

Bien que taillées différemment, les bornes sont encore très-souvent insuffisantes pour établir un bornage d'une manière parfaite ; des accidents de terrain, des fossés pleins d'eau, des ravins, etc., peuvent empêcher de les mettre à leur véritable place ; il faut donc recourir nécessairement à des signes conventionnels afin d'établir au juste les lignes de démarcation.

Ces signes, de la plus grande simplicité possible, sont au nombre de trois :

Les Rainures, les Lettres & les Chiffres.

Rainures. — Les rainures, comme il a été dit, s'incrustent sur la base supérieure des bornes pour indiquer les directions dans le sens desquelles elles limitent et par suite la direction des lignes qui y aboutissent et s'y croisent.

Les rainures se prolongent sur les côtés de ces bornes jusqu'à la moitié à peu près de leur hauteur pour pouvoir en retrouver les traces lorsqu'elles auront disparu par accident ou par l'effet du temps sur la base supérieure, Enfin on leur donne environ deux centimètres de largeur et un centimètre de profondeur à leur axe.

Quand on veut tailler sur une borne des rainures

correspondant parfaitement aux lignes divisoires, on commence par mettre la borne juste à la place où elle doit être, ou un panneau si on ne veut pas la tailler sur les lieux ; on plante ensuite des jalons aux extrémités opposées ; on en plante d'autres à quelque distance de la borne ou du panneau ; puis sur l'alignement de l'axe de ces derniers et des premiers, plaçant successivement une règle, on trace sur la base supérieure de la borne ou sur le panneau, des lignes qui représentent exactement celles du terrain et les angles formés par ces dernières. Ces lignes ne se croisent pas au même point sur la base supérieure des bornes selon que celles-ci sont principales ou divisoires ; ce qui sera expliqué plus loin.

Dans les bornes principales, quand il n'y a qu'un seul point d'intersection des rainures, celui-ci doit être toujours sur le milieu de la base supérieure comme dans la figure 20, où la rainure AB, dont les extrémités A et B sont prolongées sur les côtés, est coupée au centre D de la base par la rainure CD prolongée également à son extrémité C. Ces deux rainures indiquent que la borne *(Fig. 20)* limite dans les deux directions AB et CD, et encore qu'elle est commune aux trois propriétaires sur la terre desquels elle est plantée : quand elles auront disparu, on pourra les rétablir sans peine en s'aidant de leurs prolongements bien plus à l'abri des chocs et des intempéries.

On est peut-être surpris de voir une borne, comme la précédente, limitant seulement dans deux directions, être commune à trois individus. Cela n'est pas pourtant surprenant; en effet, la ligne AB étant droite ne peut marquer qu'une direction; il en est de même de la ligne CD.

Si la ligne ou rainure AB n'était pas droite, si, par exemple, elle était brisée au point D, leur ensemble marquerait trois directions AD, DB et CD, et malgré cela la borne ne serait commune qu'à trois propriétaires : le premier aurait pour limite l'angle ADC ; le second l'angle CDB, et le troisième l'angle ADB.

La même borne pourrait limiter dans deux directions et être commune à quatre individus ; car en prolongeant la rainure CD jusqu'au point E, on aurait seulement les deux directions AB et CE *s'intersectant* toujours au point D, et chacun des quatre angles produits par le croisement de ces lignes ferait partie de l'avoir d'autant de propriétaires différents.

Les rainures peuvent aussi marquer quatre directions et ne borner que quatre héritages ; il suffit pour cela qu'elles soient toutes brisées au point d'intersection et qu'aucune ne soit prolongée au-delà en ligne droite ; dans ce dernier cas, les bornes limitent autant de propriétés que les rainures marquent de directions.

Certains opposants diront sans doute :

« Comment, parce qu'une ligne traversant une borne est droite, vous concluez qu'elle marque une direction seulement ; nous, nous soutenons qu'elle en marque deux. » Et pour preuve se mettant au point D de la borne 20 et se tournant dans la direction DB, ils diront : « Voilà une direction ; » faisant demi-tour, ils se trouveront dans la direction de DA sur le prolongement de DB, et diront encore : « Voilà une autre direction : or, une et une font deux. » Raisonnement sans réplique ! mais comme il est d'une très-faible importance, de même que les précédents, le lecteur choisira celui qui lui conviendra.

Les bornes en tronc de pyramide offrent certains inconvénients pour la taille des prolongements des rainures quand ils se trouvent au ras des arêtes latérales, parce qu'on peut facilement briser ces arêtes ; aussi sous ce rapport les bornes en forme de tronc de cône sont-elles plus avantageuses, car on peut y tracer des rainures dans toutes les directions sans rencontrer sur leurs prolongements des arêtes latérales. Ainsi, on voit la fig. 21 limiter dans cinq directions : OA, OB, OC, OD, OE, et il est facile de comprendre qu'on n'a pas rencontré les difficultés précitées, un cône tronqué n'ayant pas les arêtes latérales d'une pyramide.

Fig. 21.

Je le répète, dans toutes les bornes principales à un seul point d'intersection, celui-ci doit être placé au milieu de la base supérieure, et c'est de lui qu'il faut prendre les alignements ; tels sont les points : D (*Fig. 20*) et O (*Fig. 21*).

Jusqu'ici il a été question d'un seul point d'intersection sur une même borne ; il y a cependant des cas, très-rares à la vérité, où il doit y en avoir deux, assez éloignés pour empêcher d'y incruster les rainures d'une manière solide. Par exemple, si ces points sont à dix-huit centimètres de distance, la tête des bornes n'ayant que vingt centimètres de diamètre ou de côté, il est à peu près impossible d'y tracer les rainures sans faire voler la pierre en éclats. Faut-il alors employer deux bornes et les placer à côté l'une de l'autre? Cela n'est guère pratique ; il vaut mieux n'en employer qu'une et lui donner, ainsi qu'à ses pareilles, une forme convenable. Pour cela, il suffit de la tailler en pyramide tronquée à bases en forme de rectangle (*Fig.* 22), ou en tronc de cône à bases en forme d'ovale (*Fig. 23*). Ainsi taillées, ces bornes réunissent toutes les qualités des bornes principales.

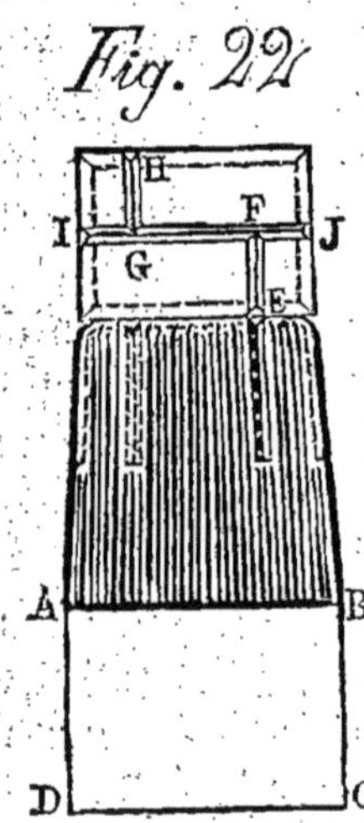

Aux bornes à bases rectangulaires, on donne les mêmes dimensions des bornes à bases carrées, avec cette différence qu'on allonge les côtés AB, CD (*Fig.*22) selon le besoin. On donne aux deux côtés AD et BC de la base inférieure vingt-cinq centimètres et vingt centimètres aux côtés correspondants de la base supérieure. Quant aux autres côtés AB et CD de la base inférieure on leur donne trente-cinq, quarante centimètres, ou plus, en ayant soin de diminuer de cinq centimètres la longueur des côtés correspondants de la base supérieure. La hauteur peut être aussi de trente-cinq centimètres. De la sorte les plans ou côtés reliant les deux bases ont tous la même obliquité par rapport à ces bases, de même que dans les figures 11, 12 et 20.

Aux bornes à bases en ovale on donne les dimensions suivantes, observant qu'on peut allonger le grand axe des deux bases *(Fig. 23)* selon la nécessité. Si le grand axe AB, de la base inférieure a trente, trente-cinq, quarante centimètres, celui de la base supérieure doit avoir vingt-cinq, trente, trente-cinq centimètres, ou cinq centimètres de moins que le premier ; et si le petit axe CD de la base inférieure a vingt-cinq centimètres, celui qui lui correspond dans la base supérieure doit avoir cinq centimètres de moins ou vingt centimètres. La hauteur est pareillement de trente-cinq centimètres. Dans les deux figures 22 et 23, on arrondit aussi un peu les arêtes de la base supérieure.

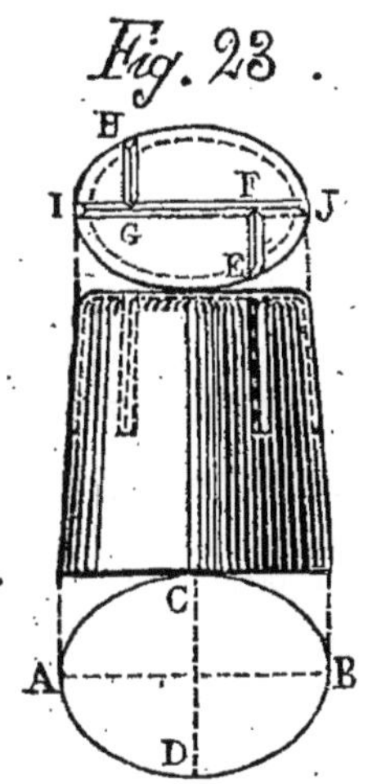

On voit de prime abord qu'il est bien plus facile de tracer sur ces figures les rainures IJ, GH, EF, dont les points d'intersection sont aux points G et F, que sur les figures 11, 12, 13, 14, 20 et 21, par suite d'une place plus considérable.

De même qu'il n'est pas possible de confondre les bornes divisoires avec les principales, il sera tout aussi impossible de les confondre avec celles taillées comme les figures 22 et 23 ; de plus, par la forme de ces dernières, on verra de suite, quand les rainures auront disparu à leur sommet, qu'elles servaient à déterminer plusieurs points d'intersection. Si la rainure GH vient à s'effacer, on saura que son intersection avec la ligne IJ n'est pas au point F, mais qu'elle est à un autre point ; pour la retrouver, on

placera un jalon en H, un autre sur la borne correspondante à l'extrémité de la propriété, si la ligne
divisoire est droite, et G se trouvera sur le prolongement de ces deux jalons. On aura ainsi GH.

Dans ces sortes de bornes *(Fig. 22 et 23)*, les
points d'intersection doivent toujours être sur le
grand axe de la base supérieure et à ègale distance
du petit : Tels sont les points G et F.

Dans les bornes divisoires, le point d'intersection
doit être sur le côté perpendiculaire aux deux bases
et sur la ligne formée par l'intersection du chanfrein
avec ce côté. Dans la figure 24, la rainure OA vient
s'arrêter au point O de l'arête CD, taillée en chanfrein.

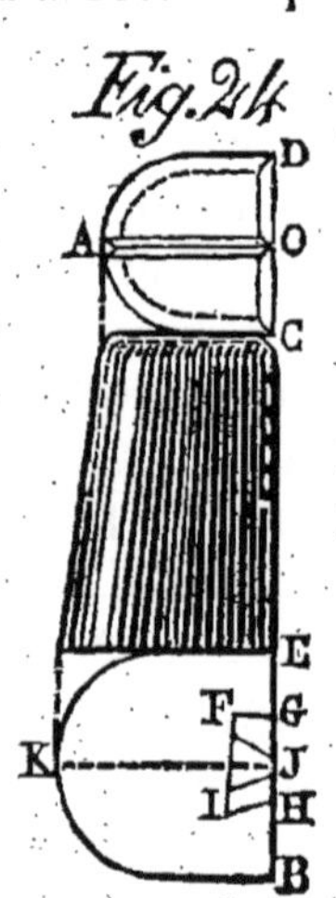

Pour la tailler ainsi, on trace sur la
base supérieure une ligne à dix ou
quinze millimètres de l'arête CD, on
en trace une autre sur le côté perpendiculaire à la même distance de
cette dernière, et après cela on enlève
toute la pierre comprise entre les deux
lignes. On a ainsi une demi-rainure
dont la partie la plus enfoncée (pré-
cisément celle sur laquelle se trouve
le point O) est exactement sur le côté
perpendiculaire CE ; et comme c'est
toujours la partie la plus enfoncée
qui détermine la véritable place d'une
rainure, et cette partie se trouvant
justement sur le côté perpendiculaire, il en sera de
même du point d'intersection O de la rainure AO
avec la demi-rainure ou chanfrein CD.

Pour mieux comprendre encore, s'il est possible,
la démonstration précédente, qu'on s'imagine une

seconde borne pareille à la figure 24, et parfaitement appliquée contre elle, de façon que les deux côtés perpendiculaires n'en forment absolument qu'un. Au lieu d'avoir une demi-rainure en CD, on en a deux et par suite une rainure complète; la partie la plus enfoncée se trouve toujours sur la soudure des deux côtés, ainsi que le point d'intersection O.

Une telle borne *(Fig. 24)* dont le côté perpendiculaire sera placé exactement au ras de la limite de la propriété d'un voisin, remplira donc toutes les conditions d'un bornage irréprochable. Le voisin aura son alignement le long de CD, l'un des copartageants aura son lot terminé par l'angle AOC et l'autre par l'angle AOD.

Il est bon d'observer qu'il ne faut pas prolonger la rainure AO sur le côté perpendiculaire pour donner une distinction de plus à la borne divisoire; mais on prolonge la demi-rainure par ses deux extrémités C et D, comme on le voit sur la fig. 24.

Il peut arriver qu'on soit obligé de mettre la borne divisoire *(Fig. 24)* dans un coin ou angle d'une propriété. Dans ce cas le chanfrein ne doit pas se tailler sur tout le côté perpendiculaire et sur l'arête adjacente de la base supérieure. Je suppose qu'on mette la divisoire *(Fig. 24)* dans l'angle AOC d'une propriété; le côté CO de l'angle ne se prolongeant pas au-delà du point O, le chanfrein doit s'arrêter au même point d'intersection O des côtés CO et AO de l'angle susdit. (Ce dernier côté est déterminé par la rainure qui est incrustée sur la base supérieure). On ne prolonge par suite le chanfrein que par l'extrémité C sur le côté CE; quant à la partie DO, on se contente de l'arrondir comme les autres arêtes.

Dans toute borne divisoire *(Fig. 24)*, par exemple, le point d'intersection doit se trouver au milieu O du côté perpendiculaire CD ; si la borne a deux côtés perpendiculaires, il doit être au sommet de l'angle formé par ces deux côtés ; enfin, quand pour la tailler on a pris préalablement les mesures sur le terrain, cette borne est coupée en deux parties égales par la ligne AO.

Pour tailler exactement les rainures des bornes divisoires de façon qu'elles forment sur leur base supérieure les mêmes angles que les lignes séparatives des propriétés, il suffit de suivre la méthode indiquée pour la taille des rainures des bornes principales ; chaque ligne que l'on trace à la règle sur le prolongement de la ligne de l'axe des jalons est l'axe d'une rainure ou d'une demi-rainure.

Dans les bornes principales et divisoires, lorsque une rainure doit marquer la direction d'une courbe à faible rayon, on lui donne la même courbe que celle de la portion de la ligne sur laquelle les bornes sont placées.

Quand on aura eu soin de tracer les rainures des bornes principales, les chanfreins et les côtés perpendiculaires des divisoires, soit en ligne droite, soit en ligne courbe, sur les lieux, ou après avoir pris les mesures nécessaires, ces rainures, ces chanfreins et ces côtés perpendiculaires coïncideront parfaitement avec les angles du terrain, la partie des courbes recouvertes par les bornes ou les bornes opposées ; on gravera alors seulement, une *pointe de flèche* sur chacun des prolongements des rainures ou chanfreins.

— Dans les bornes divisoires dont le côté perpendiculaire doit être mis sur une ligne droite, l'alignement se prend du point d'intersection de ce côté avec la ligne coupant la borne en deux.

Lorsque les côtés perpendiculaires doivent être mis sur un angle formé par des lignes droites ou des lignes courbes, l'alignement se prend sur le sommet de l'angle pour le voisin du champ à partager, et du point d'intersection de la rainure et du chanfrein pour les copartageants ; le plus souvent le sommet de l'angle et le point d'intersection coïncident entr'eux.

Si on place la borne divisoire sur une courbe, on prend aussi l'alignement à l'intersection de la courbe avec la ligne de séparation.

(On verra cependant à l'explication des chiffres, des cas où il faut prendre ces alignements à une certaine distance des bornes, tant pour les bornes principales que pour les bornes divisoires.)

Si sur des bornes divisoires il y a plusieurs points d'intersection, ce qui n'arrive presque jamais, on les taille dans le genre des fig. 22 et 23, en se conformant aux principes spéciaux prescrits pour les bornes divisoires : on taille un côté ou deux perpendiculairement aux bases, on porte tout le biais sur le côté opposé, on taille celui-ci en forme de demi-ovale ou de toute autre courbe s'en rapprochant, et on donne aux deux autres la même obliquité.

Cela fait, on a soin de faire toujours trouver les points d'intersection sur le côté ou les côtés perpendiculaires.

Lettres. — Les lettres s'incrustent sur le côté ou les côtés des bornes et non sur leur base supérieure. Ces lettres sont les initiales de ce qu'on veut déterminer. Ainsi FM, veut dire fossé mitoyen ; RM, ruisseau mitoyen ; N, nord ; LC, ligne courbe ; A, administration ; CS, chemin de service ; P, pâtus ; V, voisin ; T, talus ou tertre. Il n'est pas besoin de dire que les côtés des bornes portant ces lettres doivent être à peu près parallèles et faire face à ce qu'elles indiquent : fossé mitoyen, ruisseau, etc. Il en sera de même pour les chiffres.

La lettre N marquant l'orientation ou la direction du côté Nord, s'incruste toujours droite et sur la partie de la borne regardant le pôle Nord, et comme elle est marquée sur la figure 13.

Il n'en est pas de même des autres initiales, parce que ce qu'elles déterminent peut exister d'un côté de la borne et non de l'autre. Un fossé, par exemple, peut être mitoyen jusqu'à un certain point et ne l'être pas au-delà ; aussi faut-il donner aux initiales une position différente pour ne pas induire plus tard les intéressés en erreur.

Lorsque le fossé est mitoyen à droite et à gauche de la borne, on y incruste les initiales de la même manière qu'on les écrit sur le papier, c'est-à-dire entre deux lignes horizontales et comme elles sont marquées sur la figure 14.

Mais si ce fossé est mitoyen seulement d'un côté, on les incruste entre deux lignes verticales et on les tourne du côté de la mitoyenneté ; elles se trouvent ainsi horizontales au lieu d'être verticales.

Supposons que les deux figures 11 et 12 soient reliées par un fossé mitoyen entr'elles et non au delà. On trace alors les lettres F et M sur la portion du côté de chaque borne la plus rapprochée de la borne correspondante, de manière qu'elles soient toujours tournées les unes vers les autres. Pour cela, il suffit que la ligne passant à la base de ces lettres soit placée entre celle passant par leur sommet et l'autre borne.

Ces lignes sont celles que l'on marque au crayon pour graver les lettres plus régulièrement ; les lettres une fois gravées, elles peuvent disparaître sans inconvénient.

En examinant la figure 11, on voit les initiales taillées, sur le côté parallèle à la mitoyenneté, sur la portion la plus rapprochée de la figure 12 et dans la position sus énoncée. De plus, la ligne de leur base est placée entre celle de leur sommet et la borne 12.

On voit pareillement sur la figure 12, ces mêmes initiales tournées vers la borne 11 et rapprochées autant que possible de celle-ci, et sur le côté adjacent l'initiale N indiquant son orientation.

Il est bon que chaque borne soit ainsi orientée : si on n'a pas de boussole pour marquer la direction exacte du pôle Nord, on suit les confrontations énoncées dans les actes. Quand dans un acte il y a, par exemple, la présente propriété confronte du Nord à terre de X***, le côté de chaque borne tourné du côté de X*** doit être marqué d'une N. Si on se sert de la boussole, on trace la lettre N sur la partie de la borne faisant face au pôle nord, en tenant compte de la déclinaison de l'aiguille, et on trace sur le jambage du milieu de la lettre une petite flèche verticale.

Le point nord se trouve ainsi sur le prolongement d'une ligne imaginaire partant du milieu de la base supérieure quand la borne est principale, ou du milieu du côté perpendiculaire ou de l'intersection des côtés perpendiculaires quand elle est divisoire, et passant par la flèche.

Si la borne a plusieurs points d'intersection, la ligne précédente doit partir du point le plus rapproché de la flèche.

Il est de la sorte impossible de mettre en doute l'expression des signes et de faire tourner la borne pour tâcher de se soustraire à leurs renseignements.

Le fossé entre les deux bornes (*Fig. 11* et *12*) étant mitoyen jusqu'en face d'elles seulement, peut être rendu mitoyen au delà, par l'acquisition du propriétaire riverain. Si le propriétaire adjacent à la borne *(Fig. 11)* achète cette mitoyenneté, il faut compléter les indications devenues insuffisantes par suite de l'achat. Pour cela il suffit d'incruster sur cette borne les initiales F et M entre deux lignes parallèles à celles qui y sont déjà, mais dans un sens inverse ou dans celui de la borne *(Fig 12)*.

Ainsi, en se rapportant au raisonnement précédent, le premier signe FM (*Fig. 11*) ou le plus rapproché de la fig. 12, indiquant la mitoyenneté entre les deux bornes seulement, le second signe indique le prolongement de cette mitoyenneté au-delà : leur réunion donne donc la même indication que celui de la figure 14.

Deux bornes sont toujours présumées servir d'extrémités à une ligne droite et limiter de même ; cependant, si par la configuration des lieux la ligne droite paraît douteuse, on grave sur les bornes les initiales des mots Ligne et Droite ou L D, en suivant les règles précédentes.

Il arrive aussi souvent que les bornes limitent une

ligne courbe et que, si on veut remplacer celle-cⁱ par une droite, on porte atteinte à la propriété de l'un des voisins au bénéfice de l'autre.

Pour obvier à cet inconvénient, on emploie une méthode analogue à celle des fossés mitoyens.

Supposons les figures 11 et 12 séparées par une courbe. On trace sur le côté de ces bornes à peu près parallèle à la courbe, les initiales des deux mots Ligne et Courbe ou LC dans la même position que les lettres FM de ces mêmes figures, celles de la borne 12 regardant la borne 11 et réciproquement; mais comme pour bien établir une courbe il faut au moins trois points, la troisième borne et toutes celles qu'on intercalera entre les deux premières auront ces lettres tracées dans la position de FM (*Fig. 14*), faisant voir par là que cette courbe se prolonge à droite et à gauche d'elles et aboutit aux deux autres.

Lorsqu'on plante une borne sur un alignement donné par une Administration, on grave sur la borne l'initiale A du mot Administration pour prouver l'alignement donné par celle-ci.

Toutes ces lettres, ainsi que les signes suivants, se gravent aussi et de la même manière sur les bornes divisoires, selon les besoins.

Chiffres. — Enfin les chiffres arrivent pour servir de complément irréprochable aux lettres, car l'indication de la mitoyenneté ne suffit pas tout-à-fait pour marquer la ligne de séparation de deux propriétés, surtout lorsqu'elle se trouve sur le milieu d'un ruisseau qui grossit beaucoup et qui est très-impétueux en temps d'orage. Le courant se portant sur certains points des berges, en enlève la terre et change ainsi peu à peu de direction ; ce changement, au bout d'un certain nombre d'années, est assez sensible , et il y a déviation de la ligne divisoire. Aussi le seul moyen pour fixer celle-ci est de tracer sur le côté ou la partie des bornes regardant le ruisseau , la longueur du prolongement de la ligne de démarcation, laquelle se croisant avec son axe, part de l'extrémité opposée et s'arrête à la borne plantée sur le bord, à l'intérieur de la propriété.

Les chiffres marquant la longueur du prolongement de la ligne coupant ledit axe, s'incrustent dans les mêmes positions que les lettres initiales, selon que les mitoyennetés se prolongent des deux côtés des bornes ou d'un côté seulement.

La partie des bornes qui porte ces chiffres doit être aussi à peu près parallèle à ce qui les nécessite, comme il l'a été dit pour les lettres, et on ne doit les graver qu'après avoir pris les mesures sur les lieux et avoir incrusté les rainures correspondantes, exactement dans la direction des lignes divisoires du terrain. Ces rainures auront aussi leurs prolongements terminés en pointe de flèche.

Ces chiffres n'indiquent pas la distance de la borne à l'axe du ruisseau, fossé, etc., parce que la distance d'un point à une ligne est toujours une perpendiculaire à cette ligne. Si les chiffres marquaient la longueur de la perpendiculaire ou la distance, on serait obligé de faire sur le terrain une opération quelquefois incommode pour avoir la longueur du prolongement de la ligne susdite et la place de l'axe du ruisseau à l'extrémité de ce prolongement. Le géomètre qui arpenterait une terre dont une borne aurait des chiffres indiquant seulement la distance

précitée , serait presque sûr d'être induit en erreur,
car s'il donnait pour longueur à la ligne sur laquelle
cette borne serait placée, la distance entre les deux
bornes plus le nombre incrusté , cette ligne serait
la plupart du temps trop courte. Elle aurait seulement la dimension exacte lorsque, cas très-rare, elle
couperait l'axe à angle droit, c'est-à-dire lorsqu'elle
lui serait perpendiculaire.

Ainsi donc les chiffres doivent toujours indiquer
la longueur du prolongement de la ligne précédente,
entre la borne et l'axe du fossé ou toute autre ligne
de séparation, qu'elle coupe ou non en biais cet axe
ou cette ligne de séparation.

Quand au lieu d'incruster sur une borne la longueur d'un prolongement à partir de cette borne
jusqu'à l'axe du fossé ou ruisseau , on y incruste la
longueur de ce prolongement entre la borne et la
berge opposée, le nombre indiqué par les chiffres
est trop fort de moitié ; aussi ce nombre doit-il
avoir un 2 au-dessous de lui et être séparé par un
trait parallèle , ce qui signifie que ce nombre doit
être divisé par 2. Ainsi : $\dfrac{3^{m}\ 50}{2}$ est la même
chose que 1^{m} 75 et indique que le prolongement
entre la borne et l'axe est de 1^{m} 75 seulement. Ces
chiffres doivent être gravés dans les diverses positions selon les cas.

Si le ruisseau est mitoyen à droite et à gauche de
la borne et si le prolongement précité a 1^{m} 40, on
incruste ce nombre sur la borne dans la même position que les lettres de la figure 14. Si encore, pour
employer toujours les mêmes figures et les mêmes
exemples, la mitoyenneté n'existe que de la figure

11 à la figure 12, on y incruste le nombre 1^m 40 dans la même position que les initiales FM ; le nombre de la figure 12 regardant celui de la figure 11, et le nombre de la figure 11 regardant celui de la figure 12.

Plus tard, si par acquisition le ruisseau est rendu mitoyen au delà de la borne 11, le nombre sera incrusté de la même manière que les lettres et sera tourné à l'opposé de celui qui y est déjà.

Il peut se faire qu'à partir de ce point le ruisseau soit plus large et que la ligne divisoire, au lieu d'être à 1^m 40 de la borne, soit à 1^m 80. On incruste alors ce dernier nombre comme il vient d'être dit et comme il est marqué sur la figure 11.

Pour incruster très-exactement le prolongement de la ligne, quand elle est droite, coupant un axe ou une autre ligne de démarcation, on plante un jalon à l'extrémité opposée, on en plante un second à la borne placée sur le bord du talus, fossé, etc., et un troisième sur l'alignement des deux premiers et sur l'intersection de la ligne précitée et de la ligne de séparation de la propriété adjacente. On n'a alors qu'à marquer en chiffres sur la borne l'écartement des deux derniers jalons.

Si la ligne est courbe, on marque sur la borne le prolongement de cette courbe, comme s'il était en ligne droite, c'est-à-dire, l'écartement entre la borne et le point d'intersection de cette courbe avec l'axe ou toute autre ligne de séparation.

Lorsqu'on veut déterminer exactement sur une propriété les sinuosités de l'axe d'un ruisseau, etc., on plante des bornes en face de ses points les plus saillants. Comme on n'a pas sur le côté opposé de la propriété des bornes correspondantes pour avoir la direction du prolongement des lignes coupant l'axe, on trace sur celles qui sont plantées sur la berge, à distance de la ligne divisoire, une ou plusieurs rainures ou chanfreins se dirigeant vers cette ligne.

On mesure toujours la longueur de l'écartement entre les bornes et l'axe du ruisseau, etc., en suivant la direction de ces rainures ou chanfreins dont chaque prolongement sera traversé par une petite barre horizontale, incrustée de façon à représenter une *petite croix*, pour faire voir par là que les bornes qui les portent, ne correspondent pas avec d'autres et pour leur donner un signe distinctif.

Pour mesurer la longueur du prolongement on doit prendre toujours à partir du milieu de la base supérieure quand la borne placée sur la berge ou à distance de la ligne divisoire, est une borne principale.

Quand la borne est une borne divisoire, on mesure toujours à partir d'une ligne verticale qui couperait la surface du côté perpendiculaire en deux parties égales, dans quelque direction qu'il fût tourné. Si ce côté est taillé en courbe, on mesure comme il vient d'être dit.

Si la borne a deux côtés perpendiculaires formant angle, on mesure à partir du sommet de cet angle qui doit être à peu près égal à celui du terrain, et de quelque côté qu'il soit tourné.

Lorsque les bornes tant principales que divisoires sont éloignées du point d'intersection des lignes limitant les propriétés et sont par suite accompagnées de lettres ou de chiffres, il est clair que les alignements doivent se prendre à distance de ces bornes.

Quand, par exemple, une borne se trouve au haut d'un tertre et porte un T sur le côté, à peu près parallèle au talus et lui faisant face, cela fait voir que la propriété du voisin supérieur s'étend jusqu'au pied du tertre. Si le T est accompagné de chiffres, les alignements se prennent au point indiqué par les chiffres.

Si, encore, la borne principale (*Fig. 20*) est placée à distance de l'axe d'un ruisseau, si la rainure CD marque la direction de la ligne croisant l'axe par son prolongement, et si le côté E de la borne est placé parallèlement ou à peu près à cet axe, la rainure AB devient inutile ainsi que le point d'intersection. L'alignement part, pour la ligne prolongée, de l'extrémité opposée à la borne (*Fig. 20*), passe par son milieu D et va croiser l'axe du ruisseau. L'autre alignement, au lieu de se prendre sur AB, se trouve porté en avant du côté E, à la place indiquée par les chiffres.

On raisonnerait de même pour les bornes divisoires.

Dans tous les cas, il ne doit y avoir sur les bornes que les signes conventionnels nécessaires. Si les uns ou les autres, tant pour les rainures ou chanfreins que pour les lettres et les chiffres, sont changés par suite de conventions postérieures à la plantation d'une borne, on doit les faire disparaître de façon qu'il ne reste pas de traces de la disparition, c'est-à-dire tailler de nouveau la borne ou la changer : les nouveaux signes, s'ils sont utiles, peuvent être ajoutés sans inconvénient.

TROISIÈME PARTIE.

MANIÈRES DE DONNER AUX BORNES UNE GRANDE STABILITÉ.
PLANTATION DES NOUVELLES BORNES.
IMPRÉVOYANCE GÉNÉRALE.

MANIÈRES DE DONNER AUX BORNES UNE GRANDE STABILITÉ.

On a eu jusqu'à présent l'habitude de planter les bornes sans aucun préparatif et de ne leur donner d'autre point d'appui que celui de la terre dont on les entoure ; souvent on n'a pas même le soin de la tasser pour éviter les déviations auxquelles elles peuvent être soumises.

En effet, quand elles se trouvent sur le bord d'un passage, elles reçoivent peu à peu la poussée de la terre tassée par le piétinement et sont forcées à dévier, surtout si le chemin se trouve sur le rebord d'un talus ; car alors les bornes n'ayant pas de point d'appui pour contrebalancer cette poussée ont plus de chances de s'écarter de la position primitive. Si le talus se trouve au bas d'une forte pente, la terre détrempée par l'eau de pluie a encore une certaine influence sur elles. Si enfin, aussitôt après leur plantation, il passe des charrettes auprès, le poids de celles-ci influe nécessairement sur leur dérangement.

La plupart du temps ces déviations sont peu importantes, diminuant d'autant plus que l'époque de la plantation est plus ancienne ; elles sont cependant toujours trop considérables, le principal but des bornes étant de marquer d'une manière stable les limites de chacun.

Pour donner aux bornes plus de stabilité, on peut employer trois moyens : *la maçonnerie, les arbrisseaux et les piquets*.

Maçonnerie. — Quand on veut employer ce moyen, on creuse à la place de la borne un trou de quatre-vingt centimètres environ de profondeur, dans lequel on fait une bâtisse ayant la même forme que le plan des bases des bornes qui y doivent reposer et pouvant avoir une plus grande surface. On donne aux bases de cette bâtisse les mêmes dimensions tant à la partie inférieure qu'à la partie supérieure, et quarante à cinquante centimètres d'élévation au-dessus du fond du trou. On place les témoins sur sa base supérieure et on les recouvre de la borne, dont le sommet s'élève de dix à vingt centimètres au dessus du niveau du terrain, après avoir eu soin de la relier à la maçonnerie par une ou plusieurs chevilles en fer.

On comprend très-facilement que si la borne vient à se déranger, on en trouvera sans peine la place en fouillant la terre ; car, de toute probabilité, la maçonnerie sera d'une stabilité parfaite et résistera à la poussée de la terre qui s'exerce à peu près entièrement à la surface.

En admettant même la déviation de la maçonnerie, elle aura lieu à la base supérieure et l'inférieure restera toujours au même point ; en prenant l'aplomb de cette dernière, on aura sûrement la place de la ligne primitive de démarcation.

Bien qu'on emploie ce premier moyen, rien n'empêche d'y adjoindre les deux suivants, et cela est même préférable.

Arbrisseaux. — Le second consiste à planter autour des bornes plusieurs pieds d'arbrisseaux dans une position diamétralement opposée. Ces arbrisseaux, (cognassiers, aubépines, gros buis, etc.) entrant assez profondément dans la terre par leurs racines, exercent contre les bornes et avec leur tige une pression qui se contrebalance et par suite les retiennent prisonnières à la même place. Ils donnent à la ligne de démarcation la même stabilité que la bâtisse, mais ils offrent l'inconvénient de durer moins longtemps.

De plus le propriétaire voisin n'ayant rien à voir à une divisoire, tant qu'elle n'est pas sur sa terre, peut défendre de planter les arbrisseaux à moins de cinquante centimètres. Il fera cependant bien de tolérer cette infraction à la règle et d'en planter même un pied en dedans de sa propriété, contre la borne. Il empêchera ainsi celle-ci d'être poussée chez lui par la pression de la tige et des racines des arbrisseaux opposés. Ces avantages compenseront bien le tort très-minime qu'ils lui causeront par leur voisinage, vivant, principalement le cognassier et le buis, fort peu aux dépens des semis, surtout quand on a soin de les tailler.

Ce qui vient d'être indiqué n'est pas tout-à-fait nouveau ; car on voit souvent des bornes auprès desquelles on a planté un cognassier ou tout autre arbuste ; mais un seul pied offre un peu les mêmes inconvénients que la poussée de la terre sur le bord d'un talus ou d'un chemin : ses racines et sa tige tendant aussi à les reculer pour se faire place.

Piquets. — Enfin le dernier moyen consiste dans la plantation autour des bornes de trois ou quatre piquets assez longs en bois très-dur et résistant beaucoup à l'humidité. Les piquets en cœur de chêne et surtout d'acacia sont ceux qui durent le plus et doivent être préférés. Ces derniers se conservent très-bien sous terre pendant une cinquantaine d'années, temps suffisant pour donner aux bornes une grande stabilité ; d'ailleurs rien n'empêche de les renouveler après leur détérioration.

On les plante, en outre, assez profondément pour que leur tête ne paraisse pas au dessus de terre et on les dispose à côté des signes afin de ne pas les cacher.

Comme la maçonnerie est le moyen le plus cher, il serait suffisant d'allier le second au troisième moyen, c'est-à-dire de planter des piquets en même temps que des arbrisseaux ; de la sorte, les piquets maintiendraient la borne à sa place en attendant que les arbrisseaux fussent assez grands : ceux-ci à leur tour rempliraient l'office des piquets lorsqu'ils seraient consommés.

Ces moyens connus, je vais indiquer ceux de planter les bornes. J'ai introduit très-peu d'innovations pour allier l'ancien système au nouveau et donner à celui-ci plus de facilités pour se généraliser, et bien que les témoins ne soient plus aussi utiles, je les ai néanmoins conservés, toujours dans le même but.

PLANTATION DES NOUVELLES BORNES.

Plantation des bornes principales. — Le trou fait ou la maçonnerie construite à l'emplacement convenable , on casse un morceau de brique ou de tuile à crochet ou à canal en autant de parties (témoins) que la borne limite de propriétés, ou, pour être plus exact , en autant de parties qu'il y a de propriétés fournissant leur part d'emplacement à la borne.

Ainsi, la figure 20, si on supprime la rainure DE, limitant trois propriétés, on casse la tuile GHIP en trois parties ; si on supprimait la rainure CE, il faudrait la casser en deux seulement, et si on conservait la rainure CE, il faudrait la casser en quatre. La figure 21 limitant cinq propriétés, la tuile FGHI est divisée en cinq parties.

On place ensuite ces témoins dans le fond du trou ou sur le sommet de la bâtisse de façon que les cassures concordent entr'elles et que leur ensemble représente le morceau de tuile primitif comme l'indiquent les mêmes figures. On a soin en même temps de donner à chaque témoin un écartement d'environ deux centimètres (groupe L, *Fig.* 25) par exemple, pour prévenir les erreurs qui arriveraient si l'un d'eux venait à se briser par suite du poids de la borne ou d'un contre-coup.

En effet, on pourrait dire si, après la disparition de cette borne, on trouvait tous les témoins adjacents qu'elle limitait plus de propriétés qu'elle n'en limitait réellement. L'erreur est rendue impossible en les écartant ; un ou plusieurs d'entr'eux peuvent se briser, leurs morceaux sont toujours adjacents, tandis que les vrais témoins ne le sont pas.

Il est cependant des cas où ces derniers doivent être rapprochés, exactement comme dans les figures 20 et 21 ; aussi, pour éviter toute confusion, trouvera-t-on aux *dispositions diverses des témoins* les explications les plus étendues.

Quand les témoins sont écartés, le point d'intersection J, des cassures *(Fig. 20 et 21)*, n'existe plus et chacun d'eux a le sommet de l'angle intérieur ou *pointe* dirigé vers ce point d'intersection. En unissant le sommet des angles intérieurs, on a de petites diagonales que l'on fait croiser à ce même point d'intersection, et c'est de ce dernier qu'il faut prendre les alignements.

Ce point est aussi le centre de petites circonférences passant par le sommet des angles précités ; on peut donc l'appeler le *centre des témoins :* Il n'est pas besoin d'observer qu'il doit coïncider exactement avec celui des lignes divisoires du terrain et il serait bon aussi que l'axe des espaces des témoins coïncidât le plus possible avec ces lignes.

En divisant un morceau de tuile en plus de trois ou quatre parties, celles-ci peuvent ne pas aboutir toutes au même point d'intersection ; on prend alors pour base celui qui est commun au plus grand nombre.

Les témoins disposés comme il a été dit, on les recouvre d'un peu de terre ou de mortier et on asseoit les bornes par dessus dans un aplomb parfait, en ayant soin de mettre le point J des diagonales *(Fig. 20)* ou du centre. *(Fig 21)* de la base inférieure, exactement sur le point d'intersection des diagonales unissant le sommet des angles intérieurs des témoins, c'est-à-dire sur le centre de ces témoins.

Le point d'intersection des rainures de la base supérieure se trouvant aussi au croisement des diagonales ou au centre, correspond parfaitement à celui de la base inférieure et à celui des témoins , et l'aplomb des lignes de séparation passe aussi par ces trois points.

Enfin on plante autour des bornes munies de leurs rainures et signes conventionnels les arbrisseaux ou piquets que l'on juge à propos.

Ces bornes, de même que toutes les autres, devraient porter sur un de leurs côtés, l'année de leur plantation, dans la même position que les lettres ou les chiffres de la figure 14. Elles n'en deviendraient ainsi que plus intéressantes.

Plantation des bornes divisoires. — Celles-ci devant être placées sur les propriétés à partager, on doit aussi établir la maçonnerie sur ces propriétés, et disposer les témoins autrement que dans les bornes principales.

Comme dans les principales le point d'alignement se trouve à peu près au milieu des témoins et que dans les bornes divisoires les alignements se prennent sur le côté perpendiculaire, il arriverait, si on voulait faire coïncider le centre des témoins avec ce côté, que : une partie de la tuile serait chez le voisin, ou le côté perpendiculaire ne serait pas sur l'alignement.

Pour parer à cela il serait nécessaire que le point d'intersection fût sur un des côtés de la tuile, position assez difficile à obtenir. Il faut donc trouver un point d'alignement ou de *repère* plus facile.

On prend alors un fragment allongé de brique ou de tuile FGHI (*Fig. 24*) et on le casse en trois parties et transversalement, de manière que les cassures se croisent au point J sur le côté GH. Si on y réussit, le témoin du milieu a la forme d'un triangle dont le sommet J sert de point d'alignement. Le plus souvent ce sommet n'arrive pas à la ligne GH, ou bien on obtient un trapèze. Si le sommet du triangle n'arrive pas à la ligne GH, il faut recommencer l'opération ; si au contraire on obtient un trapèze pour témoin du milieu, l'opération est satisfaisante ; on dispose la grande base sur la ligne FI et la petite sur la ligne GH et de chaque côté on met le témoin concordant, en ayant soin de l'éloigner du premier d'environ deux centimètres.

Sur le milieu de cette petite base on prend le point de repère J remplaçant le point d'intersection, auquel vient aboutir la ligne JK : il n'est pas nécessaire que cette ligne passe par le milieu de la grande base du témoin. Ce sera donc au point J que se croiseront les lignes de démarcation de la propriété partagée et de la propriété adjacente.

On place les témoins ainsi disposés dans le fond du trou ou au sommet de la base supérieure de la maçonnerie, mettant le point de repère sous l'aplomb de l'intersection des lignes de démarcation, et on les recouvre d'un peu de terre ou de mortier.

Enfin on asseoit par dessus les bornes munies des chanfreins, rainures et signes conventionnels nécessaires, en mettant toujours le côté perpendiculaire comme il a été dit et en faisant concorder le point de repère J des témoins avec la ligne KJ de la base inférieure et le point O de la rainure AO de la base supérieure.

On termine l'opération par la plantation de deux

ou trois arbrisseaux sur la propriété nécessitant la borne et autour de celle-ci, si toutefois le voisin ne s'y oppose pas; il est même de son intérêt d'en planter un chez lui, comme il l'a été déjà expliqué.

En faisant concorder ainsi tous ces points, on peut être sûr que si la borne dévie faute de précautions ou par accident, on a, dans tous les cas, au-dessous un point J à peu près invariable pour rétablir les alignements primitifs ; car si la terre ou les chocs ont de l'influence sur les bornes, ils en ont tellement peu sur les témoins, qu'on peut dire qu'ils n'en ont pas du tout.

Lorsque le côté perpendiculaire est transformé en deux, comme celui des figures 17 et 18, on transforme aussi le côté de la tuile qui doit être au-dessous et porte le point de repère ou d'intersection, en deux faisant à peu près le même angle que celui de la borne ou du terrain, et de manière que ce point se trouve sur le côté du témoin du milieu et au sommet de l'angle de la tuile ; dans ce cas, le témoin du milieu a sa base supérieure également brisée en deux et n'est plus un trapèze, mais bien une figure à cinq côtés, comme on le voit dans la figure 25, groupe J.

Quand le côté perpendiculaire est taillé en ligne courbe, on donne au côté de la tuile portant le point de repère ou d'intersection à peu près la même courbe.

Au lieu de diviser la tuile FGHI (*Fig. 24*), en trois parties, on peut aussi la diviser seulement en deux, de façon que la cassure soit à peu près sur la direction de la ligne divisoire KJ ; mais alors on est obligé de tailler le côté FI en demi-cercle et de faire représenter à la tuile à peu près le plan des bases de la borne pour ne pas se tromper de côté en prenant les alignements : ces derniers ne doivent pas être pris sur le côté arrondi, mais bien sur le côté opposé GH, comme pour les bornes. On a soin de donner aussi aux deux témoins un écartement d'environ deux centimètres, et de les disposer de façon que l'extrémité de la cassure ou de leur côté intérieur qui touche le côté GH, soit à égale distance de la ligne divisoire KJ. C'est donc du milieu de cette distance et sur la ligne EB, sur laquelle est le point d'intersection des lignes divisoires du terrain, qu'on prend les alignements.

Lorsque les deux témoins doivent être placés sur un angle ou sur une courbe, on donne au côté qui n'est pas arrondi, à peu près la forme de cet angle ou de cette courbe, et les alignements se prennent à l'intersection de la ligne divisoire avec le prolongement des côtés opposés à ceux qui sont arrondis, c'est-à-dire avec le prolongement des côtés formant l'angle, comme on le voit dans la figure 25, groupe I.

Pour la taille du côté ou des côtés des témoins qui doivent être au sommet d'un angle ou sur une courbe, il faut suivre de même que pour la taille du côté ou des côtés perpendiculaires des bornes les principes suivants :

Si l'angle est rentrant par rapport à la propriété que l'on partage, comme dans la figure 17, on donne au côté de la tuile des témoins un angle égal à l'angle du terrain ou bien un angle plus grand. De cette manière on peut prendre les alignements exactement au sommet de l'angle des témoins, comme on peut le prendre aux points O et B de la figure 17.

Si la courbe forme un *arc rentrant*, on donne aussi au côté de la tuile des témoins une courbe à rayon égal à celui de la portion de la courbe qui doit être adjacente aux témoins, ou un rayon plus grand, pour pouvoir ainsi prendre l'alignement parfaitement à l'intersection de la courbe avec la ligne divisant la propriété.

Si l'angle est *sortant* par rapport à la propriété que l'on partage, comme dans la figure 18, on doit donner au côté de la tuile des témoins un angle égal ou un angle plus petit que celui du terrain. On peut de la sorte prendre les alignements au sommet de l'angle des témoins, comme on le prend aux points O et B de la figure 18.

Si, enfin, la courbe forme un *arc sortant*, il faut donner au côté de la tuile des témoins une courbe à rayon égal à celui de la partie de la courbe qui doit être recouverte par ces témoins, ou un rayon plus petit.

Comme pour les bornes principales, il est des cas où les témoins des bornes divisoires ne doivent pas être écartés les uns des autres ; il en est même dont l'un doit être isolé tandis que les autres sont adjacents ; c'est ce qui va être expliqué dans l'article suivant :

Dispositions diverses des tém

Pour donner une forme aux témoins, il faut les tailler, ce qui n'est pas très-facile. Lorsqu'ils sont en brique, on se sert du ciseau ; lorsqu'ils sont en tuile à crochet ou à canal peu épaisse, on les taille avec des tenailles, en cassant en petits morceaux les parties à enlever.

Quand on veut faire coïncider les cassures sur les côtés des témoins, exactement avec les angles ou les courbes du terrain, on met le fragment de brique ou de tuile dans l'eau pendant une journée ; on grave ensuite sur ce fragment, avec une pointe de lime bien aiguisée, des traits formant les mêmes angles du terrain, on grave encore ces mêmes traits au-dessous du fragment, de façon à les faire concorder avec les premiers. Pour séparer les témoins, on n'a qu'à prendre la tuile d'une main, à mettre chaque trait sur une arête quelconque de pierre et à frapper sur la partie opposée.

Quelquefois les cassures ne sont pas perpendiculaires aux deux surfaces de la brique ou tuile, on se fie alors à celles de la surface supérieure de cette brique ou tuile.

En employant une brique ou tuile à crochet pour en faire des témoins et en la taillant par le principe précédent on pourrait lui donner exactement la forme du plan de la base supérieure de la borne principale ou divisoire dont elle serait recouverte. Elle porterait le long des cassures, les rainures nécessaires qui se prolongeraient, d'après les principes ordinaires, sur sa faible épaisseur, correspondant à la hauteur des bornes. On incrusterait les lettres et les chiffres sur la face de la tuile touchant à la borne ou autrement dit sur la face principale parce que sa hauteur ne serait pas suffisante, entre deux lignes parallèles à ce qu'ils détermineraient ; si, par exemple, la partie ADEC *(Fig. 1)* était une tuile à témoins, si IH était une rainure et si le long de EC il existait un fossé mitoyen, une courbe, etc., les lettres ou les chiffres seraient gravés entre deux lignes au crayon, parallèles à la ligne EC, et ils auraient toujours la même position que les lettres de cette figure, c'est-à-dire que leur pied serait entre la ligne EC dont ils seraient rapprochés autant que possible, et la ligne passant par leur sommet ; ces lettres et ces chiffres seraient gravés sur chacune des parties EIHD et AHIC dans les cas où ce qu'ils détermineraient se prolongerait des deux côtés de la borne, et seulement sur la partie concordante, dans le cas où ce qu'ils détermineraient n'existerait que d'un côté : ces dispositions diffèrent un peu de celles adoptées pour celles des bornes ; mais il est impossible de faire autrement. Les rainures et chanfreins correspondant avec les lignes divisoires du terrain seraient terminées en pointe de flèche ou en croix sur les bords de la tuile dans les cas déjà énoncés. Enfin, la tuile ou la brique porterait l'année de la plantation. On aurait ainsi au-dessous des bornes les mêmes signes que sur celles-ci et qui les contrôleraient.

Les témoins ainsi taillés resteront toujours adjacents parce qu'on n'aura pas à craindre les erreurs des témoins ordinaires taillés sans aucun soin, et les propriétaires soigneux devront les admettre à l'exclusion de ces derniers.

Cependant quand on aura employé des témoins ordinaires, en tuile à canal, il sera suffisant que les lettres et les chiffres soient incrustés sur la borne sans être gravés sur les témoins, aussi, dans ce cas-là, s'en rapportera-t-on à ce qui a été déjà dit à l'explication de la plantation des bornes principales et divisoires et à ce qui suit :

Dans les présentes dispositions des témoins, comme dans celles déjà indiquées, j'ai tenu compte des principes généraux existant actuellement dans nos usages, tout en y apportant les perfectionnements utiles pour permettre aux intéressés d'y lire autant que possible aussi clairement que sur les nouvelles bornes. Douze groupes donnent dans la figure 24 la solution de tous les cas qui peuvent se présenter.

Le groupe A. placé au même angle, doit borner deux propriétés par le moyen d'une borne principale. Il ne devrait y avoir que deux témoins formant par leurs cassures à peu près le même angle : l'un serait en dedans et l'autre en dehors. Comme il est presque impossible d'obtenir cette disposition en cassant un morceau de tuile ou de brique, on le casse en trois. On met deux morceaux qui se touchent, ne formant ainsi qu'un témoin, à droite et à gauche de l'angle A et l'autre morceau ou second témoin en dedans, de manière que ce dernier soit séparé du premier et que le sommet de l'angle du terrain se trouve à égale distance des deux. C'est sur le milieu de la ligne qui joindrait l'angle intérieur du premier témoin et l'angle correspondant du second qu'on doit prendre les alignements.

Il est bon de répéter encore que dans toutes les dispositions il n'est pas indispensable que les cassures soient parallèles aux lignes qui viennent se croiser au milieu des témoins ou à côté.

On peut aussi borner un angle d'une propriété disposé comme le précédent par une borne divisoire : tel est l'angle B. Dans ce cas on divise le morceau de tuile en trois parties transversales ; on met celle du milieu au sommet B de façon que les côtés de l'angle se croisent sur le milieu de la petite base du trapèze ; on dispose de chaque côté la partie concordante, en séparant celle qui se trouve à l'intérieur de l'angle B et en faisant toucher celle qui est à l'extérieur. On montre ainsi qu'aucun côté de l'angle, à part ceux qui sont marqués sur la figure, ne se prolonge au delà de son sommet et de plus que cet angle est tourné du côté où se trouve le témoin isolé. L'alignement se prend quand même du milieu de la petite base du trapèze ou du sommet du triangle, si c'est un triangle, comme pour toute borne divisoire.

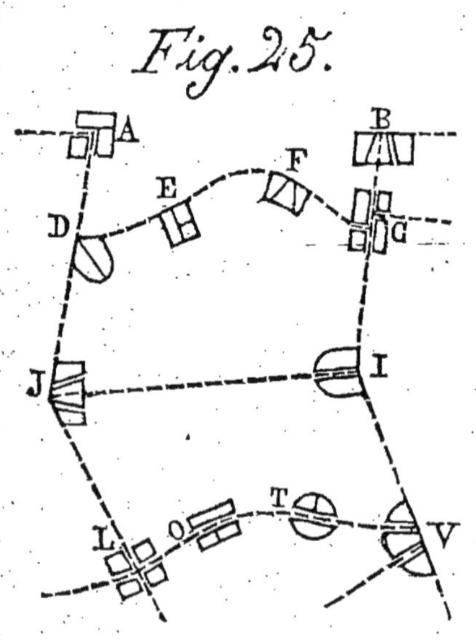

Sur ces témoins on place la borne divisoire, en ayant soin de ne tailler le chanfrein que jusques à la rencontre de la ligne divisoire IB. Le chanfrein ne se trouve ainsi que d'un côté de la borne pour indiquer parfaitement la direction de l'angle et que les lignes s'arrêtent à son sommet.

Le groupe C représente des témoins disposés pour recevoir une borne principale à deux points d'intersection. Comme on le voit, la tuile est cassée en quatre parties à peu près égales deux à deux, disposées isolément suivant la direction des lignes divisoires ; les axes des distances des témoins, à leurs points d'intersection, doivent coïncider avec les points d'intersection des lignes de démarcation, et c'est de ces points qu'il faut prendre les alignements.

Dans ce groupe chaque grand témoin est commun aux deux points d'intersection. On pourrait encore à chacun de ces points mettre trois témoins espacés et disposés comme si chacun d'eux était commun à trois propriétés, ce qui a lieu, en effet. Si un ou plusieurs témoins gênaient pour disposer ceux de l'autre point d'intersection à leur place, on n'aurait qu'à faire arriver ceux-ci sur les premiers : les alignements se prendraient comme il vient d'être dit.

Les groupes I et J représentent des témoins placés sous des bornes divisoires et au ras des lignes de démarcation CIV et DJL. Le premier groupe I et par suite la borne qui doit le recouvrir se trouve sur un angle rentrant par rapport à la propriété CFEDJLOTVI que l'on veut diviser ; le fragment de tuile est cassé en deux, un côté est arrondi et le côté opposé, placé sur l'angle, est taillé suivant cet angle. Les deux témoins sont aussi écartés, et l'axe de leur écartement, sur les côtés de l'angle, coïncide avec l'intersection du sommet de celui-ci et de la ligne divisoire IJ. Le groupe J se trouve sur un angle LJD, sortant par rapport à la même propriété : les trois témoins sont écartés, le côté de la tuile se trouvant sur les côtés de l'angle est aussi taillé suivant cet angle, et les alignements se prennent du sommet de l'angle de la petite base du trapèze transformée en deux. On aurait-pu changer les deux groupes, c'est-à-dire mettre celui qui est en J au point I et vice-versâ, toujours en taillant un côté de chaque témoin selon l'angle du terrain.

On arrange le groupe J différemment dans les cas

où il est placé sur le bord de fossés, etc., mitoyens à droite et à gauche des bornes, ou de talus se prolongeant aussi des deux côtés : tous les témoins doivent être adjacents. Si la mitoyenneté n'existe que d'un côté, le témoin isolé doit être du côté où la mitoyenneté n'existe pas, parce que ce témoin se trouve sur la ligne de séparation du voisin ; les deux autres doivent être adjacents.

Le groupe L subdivisé en quatre est destiné à recevoir une borne principale limitant quatre propriétaires ; on prend l'alignement en pareil cas comme il a été expliqué, c'est-à-dire au point d'intersection des diagonales partant des angles intérieurs et opposés des témoins, point aussi appelé centre de ces témoins.

Lorsque entre deux propriétés on veut conserver une ligne divisoire courbe LOTV, de façon à ce qu'on ne puisse pas la déformer, on est obligé de mettre à cheval sur elle des bornes principales, sur lesquelles on marque une rainure coupant ces bornes en deux, passant par le milieu de leur base supérieure et se continuant sur les côtés ; alors on doit disposer la tuile comme elle est représentée par les groupes T et O. Ceux-ci sont composés de deux témoins séparés, disposés de chaque côté de la ligne courbe de façon que leur côté intérieur se trouve, par leur milieu, à égale distance de la ligne courbe, et c'est alors en face du milieu des témoins et sur la courbe qu'on prend les alignements.

Il est bon de diviser un des témoins des groupes O et T ou tous les deux, en deux parties qu'on laisse juxtaposées pour prendre l'alignement en face de leur cassure, toujours sur la courbe. Dans les deux cas on a la liberté de donner ou non à la tuile la forme d'un cercle *(groupe T)*.

On dispose les témoins dans le genre des groupes O et T, lorsque on met sur le rebord du fossé mitoyen ou à distance du point d'intersection, une borne principale traversée par une ligne de démarcation.

A la place des bornes principales O et T de la courbe, l'un des propriétaires peut mettre chez lui des bornes divisoires pour la conserver; les témoins alors doivent tous être écartés comme on les voit dans les groupes I et J de la figure 25.

Le groupe V présente la forme et le nombre à donner aux témoins dans le cas, le plus rare de tous, où une borne divisoire a deux points d'intersection. On voit que ces témoins sont au nombre de trois, disposés comme ceux des bornes divisoires ordinaires, excepté leur côté opposé au côté perpendiculaire de la borne, dont l'ensemble est taillé en demi-cercle. Le témoin du milieu est taillé en trapèze arrondi par sa grande base ; il est à distance des deux autres, et il faut que sa petite base (celle qui est sur la ligne divisoire) donne avec l'axe des écartements des témoins aux points d'intersection de cet axe avec le prolongement des côtés qui doivent être sur la ligne divisoire, donne, dis-je, le même écartement que celui des points d'intersection des lignes du terrain. En outre, le côté des témoins qui se trouve sur la ligne VI et son prolongement, doit être taillé suivant les angles et courbes du terrain, s'il y en a.

On peut, au lieu de témoins disposés comme ceux du groupe V, mettre à chaque point d'intersection deux ou trois témoins en suivant les principes émis pour les bornes divisoires ordinaires et pour les groupes I et J, et en se conformant toujours, pour les côtés à mettre sous le côté ou les côtés perpendiculaires des bornes, aux directions des lignes qu'ils délimitent.

Jusqu'ici il ne s'est agi, excepté dans un cas, que de groupes ayant un ou tous leurs témoins séparés ; il est pourtant des fois où on doit les laisser juxtaposés, absolument comme ils sont représentés sur les figures 20, 21 et 24.

Ainsi le propriétaire de la pièce IJDEFC veut, par exemple, conjurer les pertes de terrain sur les lignes CDEF et DJ qui sont celles de la berge d'un ruisseau ou d'un fossé mitoyen placé à l'extérieur de sa pièce, en plantant sur cette berge des bornes, soit principales, soit divisoires. Les témoins qui seront au-dessous devront tous être rapprochés. Si en F il met une divisoire, le groupe devra être disposé comme le groupe F. Il pourra aussi mettre un groupe dans le genre de celui qui est en D, en taillant convenablement le côté opposé ou les côtés opposés à celui qui est arrondi.

Si en E il plante une borne principale, il devra mettre au-dessous un groupe dans le genre de celui qui est au même point, soit un autre dans celui du groupe T dont les témoins seront également adjacents.

A l'angle EDJ, il mettra chez lui entièrement une borne divisoire à deux côtés perpendiculaires, avec témoins analogues et dans le genre de ceux du groupe D, ou dans le genre de ceux du groupe F taillés convenablement.

Il pourra aussi mettre à ce point une borne divisoire avec témoins adjacents dans le genre du groupe F ou D et à cheval sur la berge AJ, ou sur la berge ED. Il pourra également mettre en D une borne principale avec témoins adjacents.

Il peut y avoir sur une même borne, tant principale que divisoire, plusieurs rainures marquant la direction des lignes se dirigeant vers l'axe. Ces lignes devront se croiser sur la borne ou à côté, suivant les principes particuliers indiqués pour les bornes.

Les cassures des témoins devront suivre les mêmes directions que ces lignes lorsque les bornes seront principales ; mais lorsqu'elles seront divisoires, il suffira que le côté des témoins placé sous le côté, on les côtés perpendiculaires des bornes coïncide parfaitement avec ces côtés. On pourra ainsi retrouver la direction véritable des lignes dans les cas de déviation des bornes.

Comme je crois l'avoir dit, les lignes se dirigeant vers l'axe du ruisseau ou fossé doivent se mesurer du centre des bases, si les bornes sont principales ; si elles sont divisoires à un seul côté perpendiculaire plane ou courbe, d'une ligne aussi perpendiculaire aux deux bases qui couperait ce côté par le milieu, et si elles ont deux côtés perpendiculaires, de la ligne verticale du sommet de l'angle formé par l'intersection de ces côtés, quelle que soit d'ailleurs leur direction. On mesure de même sur les témoins, et leur position doit être identique à celle des bornes.

Enfin, si la ligne DJ, au lieu d'être la continuation de la berge du fossé ou ruisseau précité, sert de ligne divisoire entre le propriétaire de la berge CD et une administration ou tout autre voisin, les témoins doivent être disposés de plusieurs manières à l'angle D, selon la position de la borne et sa nature.

Si celle-ci est une divisoire dont les deux côtés perpendiculaires sont sur les lignes ED et DJ ou autrement dit si la borne est entièrement dans la propriété CFEDJI, le témoin du milieu et celui qui sera sur DE devront se toucher, tandis que celui qui sera sur DJ devra être séparé.

Si l'on met sur la ligne DJ et au point D de la berge DEFC une borne divisoire moitié chez l'administration, le témoin séparé des autres sera chez l'administration ; si la borne a son côté ou ses côtés perpendiculaires contre la ligne AJ, le témoin séparé sera du côté de DJ.

En mettant à ce même point D une borne principale, le groupe devra être disposé comme aux points O et T. Un témoin isolé sera encore chez le propriétaire borné, et l'autre chez l'administration ou l'autre voisin.

Quand sous une borne divisoire on met deux témoins seulement, *on les écarte toujours l'un de l'autre ; seulement lorsque le côté perpendiculaire de la borne, les côtés perpendiculaires ou une partie sont placés à un point d'intersection du terrain.*

Aussi la manière de les disposer est-elle plus simple que lorsqu'ils sont au nombre de trois.

Si, par des conventions postérieures à la plantation d'une borne et de ses témoins, la disposition de ceux-ci doit être différente, il faut toujours les changer pour les faire concorder avec les nouvelles conventions.

Bien que les bornes placées sur les groupes E et F, et le plus souvent celle placée sur le groupe D, ne

soient plantées que par un propriétaire, celui-ci
doit appeler les voisins qui sont de l'autre côté du
ruisseau à constater l'exactitude de la distance des
bornes à l'axe, et mettre un signe sur les faces
correspondantes de celles-ci : on devrait faire la
même chose pour les bornes divisoires ordinaires. —
La présence de ces voisins doit être rappelée par un
V gravé sur une face des bornes ou sur plusieurs,
selon les besoins, et précédé d'un chiffre indiquant
le nombre de ces voisins, de même que les alignements donnés par une administration le sont par
un A, d'après les principes ordinaires.

IMPRÉVOYANCE GÉNÉRALE.

Il est bon, pour terminer, de relever une grande
imprévoyance ; c'est celle de ne pas se borner avec
les administrations. On se dit : « On ne me cher-
chera jamais querelle de ce côté-là et je n'ai rien à
y perdre. » Erreur ! car la ligne séparant les particuliers et les administrations varie pour beaucoup
de motifs.

Les hommes chargés d'entretenir les fossés des
grandes routes ou des chemins communaux enlè-
vent parfois plus de terre d'un côté que de l'autre ;
par suite, l'axe de ces routes et chemins change ; et
quand, plus tard, on donne un alignement pour une
construction ou une haie en prenant cet axe pour
base d'opérations, l'un des deux propriétaires adjacents se trouve frustré à l'avantage de l'autre. On
croit encore pouvoir se fier sur les grandes routes
aux bornes qui sont contre le talus des fossés ; cela
n'est pas possible non plus ; car ces bornes, obéissant
à la poussée occasionnée par le tassement de la

route, sont refoulées peu à peu vers les fossés, cause
influant encore sur la place de l'axe au détriment
de l'un des voisins. On ne peut guère se fier qu'aux
ponts traversant les routes, aux anciennes construc-
tions qui les bordent et auxquelles on a donné un
alignement pour les construire, et un peu aux ponts
des riverains. Aussi serait-il plus sûr et plus convenable que chacun eût son alignement en parti-
culier.

Certains pensent ne pouvoir forcer les administrations au bornage. Celles-ci sont, sous ce rapport,
sujettes à la même loi que les simples particuliers :

Tout propriétaire peut obliger son voisin au bornage de
leurs propriétés contiguës.

On adresse, à cet effet, une pétition aux représen-
tants de l'administration avec laquelle on veut se
borner.

L'un d'eux se transporte sur les lieux avec le
pétitionnaire, et on plante les bornes après avoir pris
avec soin les alignements ; de la sorte, Administrations et propriétaires sont ainsi parfaitement séparés.

CONCLUSION.

A la vue de toutes ces lettres et figures, beaucoup
de personnes peu expérimentées en pareille matière
seront sans doute effrayées et abandonneront les
avantages que leur présente le nouveau système de
bornage ; mais si elles ont la force de lire quelques
lignes du commencement, elles en verront les difficultés imaginaires s'aplanir comme par enchante-
ment, parce que, si en plusieurs endroits j'ai donné
beaucoup de détails, c'est uniquement pour pouvoir
offrir au public un travail complet.

Deux autres causes maintiendront encore longtemps le bornage actuel : la routine et l'entêtement.
L'un dira à son voisin : « Voulez-vous nous borner
convenablement et payer la moitié du prix des
bornes. » Celui-ci ne manquera pas de répondre :
« Je ne veux pas fournir un sou. » « Eh bien ! ni
moi non plus, » répliquera le premier, et on laissera
les choses dans le même état.

Le propriétaire intelligent, au contraire, ne se
laissera pas arrêter par de tels motifs ; il préférera
payer de sa poche toute la dépense, sûr qu'il sera
d'être rémunéré par la plus grande sécurité de ses
faibles déboursés. En effet, quand on aura borné ses
propriétés d'après le nouveau système et qu'on en
aura bien suivi les théories, on pourra, alórs seule-

ment, être tout-à-fait à l'abri des empiètements volontaires ou involontaires de ses voisins.

De plus, on aura fait un pas vers l'exactitude rigoureuse des contenances des propriétés, en attendant que, pour mesurer les longueurs, on ait réformé la chaîne du géomètre et on lui ait substitué un instrument plus parfait !

TABLE DES MATIÈRES.

Agen, Imprimerie de P. Noubel.

www.ingramcontent.com/pod-product-compliance
Ingram Content Group UK Ltd.
Pitfield, Milton Keynes, MK11 3LW, UK
UKHW020934120726
13693UKWH00003B/1329